选材不上当

图解家庭装修材料大百科

王勇 等编

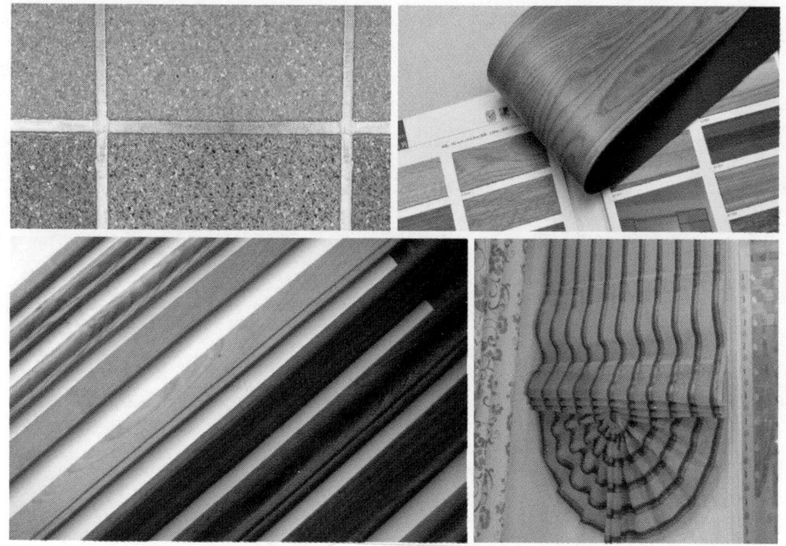

机械工业出版社
CHINA MACHINE PRESS

本书按照家居空间的不同部位进行划分，包含顶棚、墙面、地面、门窗、厨房、卫浴六大部分，详细介绍每个部分在装修中可以选择哪些材料，如何辨别其优劣，不同的材料所适用的装饰部位、施工方式以及大致的价位等内容。全书内容简练、形式突出，非常适合广大准备装修或者正在装修的业主参考使用，同时也适合作为家装设计师和相关专业学生的参考资料。

图书在版编目（CIP）数据

选材不上当：图解家庭装修材料大百科 / 王勇等编.
—北京：机械工业出版社，2014.5（2016.2重印）
ISBN 978-7-111-46912-4

Ⅰ. ①选… Ⅱ. ①王… Ⅲ. ①住宅-室内装修-装修材料-基本知识 Ⅳ. ①TU56

中国版本图书馆CIP数据核字（2014）第116404号

机械工业出版社（北京市百万庄大街22号 邮政编码100037）
责任编辑：张大勇
责任校对：白秀君
封面设计：骁毅文化
保定市中画美凯印刷有限公司印刷
2016年2月第1版第2次印刷
140mm×210mm · 5.5印张 · 141千字
标准书号：ISBN 978-7-111-46912-4
定价：29.80元

前言 FOREWORD

建材是家居装修最基础的元素，也是装修中费用最大的部分。目前大多数业主与装修公司签订装修合同都选择半包形式，主材都是自购，如此一来，材料的认知与选择就成了业主最为关心的内容。在装修过程中，无论是想要营造出理想的居家风格，还是想要设计出某种特定的效果，除了设计造型外，材料的合理应用也是必不可少的环节。然而建材的种类浩如烟海，即使是同一种材料，其品种不同，适合的空间与施工方法也不同。如何才能选好自己需要的材料，如何才能辨别材料的优劣，如何通过合理选材来调节装修预算就成了业主的必修课。本书按照家居空间的不同部位进行划分，涵盖顶棚、墙面、地面、门窗、厨房、卫浴六大空间，包括每个部分可选择的材料，其优劣的辨别，不同品种的材料所适用的装饰部位、施工方式以及大致的价位等，采用图文结合的形式加以说明，通俗易懂，适合没有装修经验的广大业主在短时间掌握装修基础知识。

参与本书编写的有：邓毅丰、胡鹏、黄肖、郝鹏、李金龙、林艳云、刘娟、孙盼、王勇、王刚、王永军、王茜、王兵、许静、徐慧、于庆涛、于久华、张建、张娟、赵丹、赵强、赵迎春等。

CONTENTS 目录

第1章 顶棚材料

一、吊顶龙骨

1.木龙骨

木龙骨通俗点讲，就是木条，在家庭装修中的应用比较多，除了用于吊顶外，还可以用于地板铺设、隔墙、背景墙造型等。一般来说，只要是需要用骨架进行造型布置的部位，都有可能用到木龙骨。在目前家庭吊顶装修中，除了厨房与卫浴间，其他房间都可以采用木龙骨，它在木料弯弧、割锯等方面具有施工便利的优势（图1–1）。

图1–1 卧室木龙骨吊顶

根据使用部位不同，木龙骨也有不同尺寸的截面，一般用于吊顶的主龙骨截面尺寸为50mm × 70mm或60mm × 60mm；而次龙骨截面尺寸为40mm × 60mm或50mm × 50mm；用于轻质扣板吊顶铺设的龙骨截面尺寸为30mm × 40mm或25mm × 30mm等。

（1）木龙骨的分类

1）天然木龙骨：主要由白松、红松、杉木等树木加工成截面为长方形或方形的木条，也有用木板现做的，见图1–2～图1–4。

图1–2 白松木龙骨

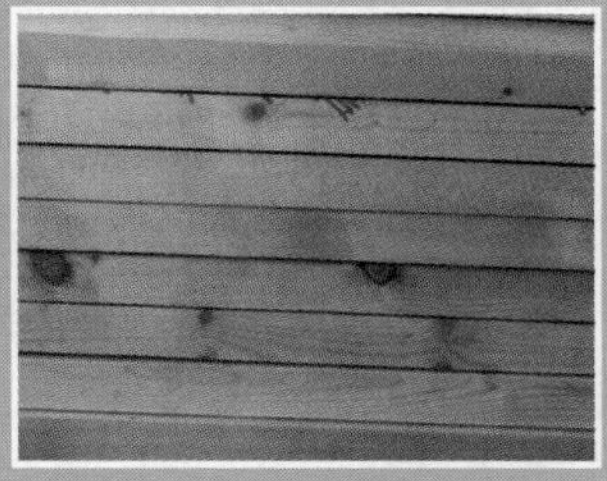
图1–3 红松木龙骨

图1–4 杉木龙骨

图1–5 合成木龙骨

2）合成木龙骨：以农作物秸秆为原料合成，它既有木制木龙骨的强度和韧性，又克服了天然木材长度限制和虫眼、树节等缺陷，具有防虫、防蛀、防水、防火等特点，见图1–5。合成木龙骨的含水率比天然木龙骨低，因此遇水不易翘曲，强度高。

3）防腐木龙骨：经过专业木材防腐剂和特殊工艺处理后，具有防真菌、抗白蚁、抗蠹虫、防霉变，抗水生（淡水、海水）寄生虫侵蚀等特点，依据防腐处理等级的高低，使用寿命在30～50年；并且防腐木龙骨都经过二次干燥，使药剂完全渗透在木材纤维中，让其结构更加稳定牢固，从而避免防腐木龙骨在使用过程中发生变化。经过特殊工艺处理后的龙骨表面干净，也不会污染衣物和其他物品，对人、动物和植物都很安全，且不污染环境，环保安全。

图1–6 防腐木龙骨

（2）市面常见的木龙骨品种与价格

在家庭装修中，木龙骨往往是作为一种辅材来使用，因此对于普通业主来说，也不用特别关注其品牌，主要还是依据材质与附带的功能不同合理进行选择。市面上较为常见的木龙骨品牌与价格可参考表1–1。

表1–1　木龙骨的参考价格

产品名称	品牌	规格/mm	参考价格
樟子松木龙骨（4根/捆）	典雅	30×50	53.90元/捆
樟子松木龙骨（4根/捆）	典雅	30×40	39.80元/捆
白松龙骨（4根/捆）	典雅	30×40	34.80元/捆
干燥木龙骨	绿峰	28×48	4.10元/m
四防木龙骨	绿峰	28×48	5.10元/m
防虫木龙骨	绿峰	28×48	5.50元/m

（3）木龙骨的挑选：在选购木龙骨时，要尽量选择放置时间长一些的，而且没有被放在露天存放的，因为这样的龙骨含水率相对会低一些，同时变形、翘曲的概率也少一些。通常情况下，多选用杉木作基层木龙骨，因为它的木质略带清香，纹理较密，弹性好，不易腐烂，耐得住螺钉、圆钉，钉而不裂（图1–7）。在选择龙骨时要注意以下几点：

图1–7 质量较好的木龙骨

1）新鲜的木方略带红色，纹理清晰，如果其色彩呈暗黄色、无光泽，说明是朽木。

2）看所选木方横切面大小的规格是否符合要求，头尾是否光滑均匀，不能大小不一。

3）看木方是否平直，如果有弯曲也只能是顺弯，不许呈波浪弯。否则使用后容易引起结构变形、翘曲。

4）要选木节较少、较小的杉木方，如果木节大而且多，钉子、螺钉在木节处会拧不进去或者钉断木方，从而导致结构不牢固，而且容易从木节处断裂。

5）要选没有树皮、虫眼的木方，树皮是寄生虫栖身之地，有树皮的木方易生蛀虫，有虫眼的也不能用。如果这类木方用在装修中，蛀虫会吃掉所有能吃的木质。

6）要选密度大的木方，用手拿有沉重感，用手指甲划不会有明显的痕迹，用手压木方有弹性，弯曲后容易复原，不会断裂。

（4）木龙骨的施工要点：顶棚标高弹水平线—画龙骨分档线—安装水电管线设施—安装大龙骨—安装小龙骨—防腐处理—安装罩面板—安装压条。

1）弹线：根据楼层标高水平线，顺墙高量到顶棚设计标高，沿墙四周弹顶棚标高水平线，并在四周的标高线上画好龙骨的分档位置线。

2）安装大龙骨：将预埋钢筋弯成环形圆钩，穿8号镀锌钢丝或用Ø6～Ø8螺栓将大龙骨固定。吊顶起拱坡度按设计要求，设计无要求时一般为房间跨度的1/300～1/200。

3）安装小龙骨：①小龙骨底面刨光、刮平、截面厚度应一致；②小龙骨间距一般为400～500mm；③按分档线先定位安装通长的两根边龙骨，拉线后各根龙骨按起拱标高，通过短吊杆将小龙骨用圆钉固定在大龙骨上，吊杆要逐根错开，不得吊钉在龙骨的同一侧面上。通长小龙骨对接接头应错开，采用双面夹板用圆钉错位钉牢，接头两侧各钉两个钉子；④安装卡挡小龙骨：按通长小龙骨标高，在两根通长小龙骨之间，根据罩面板材的分块尺寸和接缝要求，在通长小龙骨底面横向弹分档线，以底找平钉固卡档小龙骨。

4）防腐处理：顶棚内所有露明的铁件，钉罩面板前必须刷防腐漆，木骨架与结构接触面应进行防腐处理（图1–8）。

5）安装管线设施：在弹好顶棚标高线后，应进行顶棚内水、电设备管线安装，较重吊物不得吊于顶棚龙骨上。

6）安装罩面板：罩面板与木骨架的固定方式用木螺钉拧固法。

图1–8 木龙骨涂上防火涂料

(5) **木龙骨使用的注意事项：**选择木龙骨一定要注意木材的含水率，要选择干燥的龙骨；在使用中，木龙骨要涂刷防火耐腐蚀涂料，延长龙骨的使用寿命；吊顶龙骨使用应考虑日后下垂问题，安装时中心应起拱；凡是有灯罩、窗帘盒的承重部位应对龙骨进行加密，如果安装吊扇，不得承力在龙骨架上。作为隐蔽工程，木龙骨在后期使用中是看不到的，因此在施工时，一定要严格控制质量。同时不要将木龙骨用于湿度较大的空间，或者接触到水，避免木材吸水变形。

2. 轻钢龙骨

轻钢龙骨是用镀锌钢带或薄钢板轧制经冷弯或冲压而成的。它具有强度高、耐火性好、安装简易、实用性强等优点。在家庭装修中，普遍应用于室内的装饰吊顶（图1–9）。

图1–9 轻钢龙骨

(1) **轻钢龙骨的种类：**轻钢龙骨基本分为吊顶龙骨和墙体龙骨两大类。吊顶龙骨由承载龙骨(主龙骨)、覆面龙骨(辅龙骨)及各种配件组成。主龙骨分为38、50和60三个系列，38用于吊点间距900～1200mm不上人吊顶，50用于吊点间距900～1200mm上人吊顶，60用于吊点间距1500mm上人加重吊顶；辅龙骨分为50、60两种，它与主龙骨配合使用；墙体龙骨由横龙骨、竖龙骨及横撑龙骨和各种配件组成。有50、75、100和150四个系列（图1–10）。

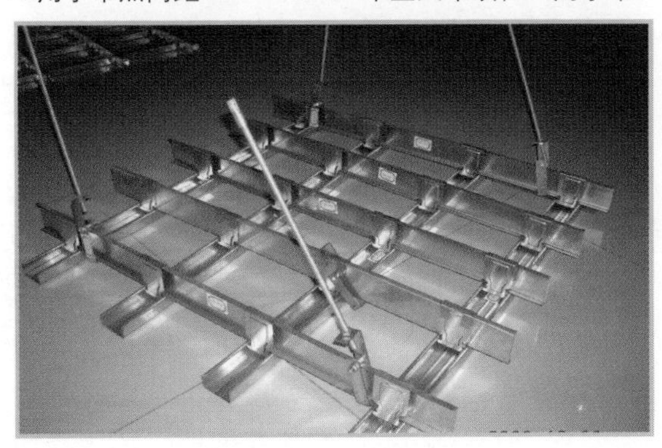

图1–10 轻钢龙骨的配合使用

(2) **市面上常见的轻钢龙骨品种与价格见表1–2。**

表1-2　轻钢龙骨的参考价格

产品名称	规格	参考价格	产品名称	规格	参考价格
特纳	75横	18.00元/根	华阳	38主	1.80元/m
杰科	75竖	9.30元/m	金桥吉庆	50辅	2.80元/m
恒丰	38主	2.80元/m	裕丰	75竖	4.40元/m
华阳	50主	3.30元/m	可耐福	50主	8.80元/m

图1－11 外形笔直平整的轻钢龙骨

(3) **轻钢龙骨的挑选**：在选购轻钢龙骨时，应注意以下几点：

1）轻钢龙骨外形要笔直平整，棱角清晰没有破损或凹凸等瑕疵，在切口处不允许有毛刺和变形而影响使用（图1–11）。

2）轻钢龙骨外表的镀锌层不允许有起皮、起瘤、脱落等质量缺陷。

3）优等品不允许有腐蚀、损伤、黑斑、麻点；一等品或合格品要求没有较严重的腐蚀、损伤、黑斑、麻点，且面积不大于1cm²的黑斑每米内不多于三处。

4）家庭吊顶轻钢龙骨主龙骨采用50系列完全够用，其镀锌板材的壁厚不应小于1mm。不要轻易相信商家规格大，质量才好的谎言。

(4) **轻钢龙骨的施工要点。**

1）弹线找平：弹线应清晰，位置准确无误。在吊顶区域内，根据顶面设计标高，沿墙面四周弹出吊点位置和复核吊点间距。按照设计图，在楼板上弹出主龙骨的位置，主龙骨应从吊顶中心向两边分，最大间距为1000mm，并标出吊杆的固定点，间距为900～1000mm。如遇到梁和管道固定点大于设计和规程要求时，应增加吊杆的固定点（图1–12）。

图1–12　吊杆间距为900～1000mm

2）安装吊杆：根据吊顶标高决定吊杆的长度。吊杆长度＝吊顶高度－次龙骨厚度－起拱高度。不上人的吊顶，吊杆长度小于1000mm时，可采用Ø6的吊杆，如大于1000mm，应采用Ø8的吊杆，同时要设置反向支撑。上人的吊顶，吊杆长度小于1000mm时，可采用Ø8的吊杆，如大于1000mm，应采用Ø10的吊杆，同时也要设置反向支撑。

3）安装边龙骨：边龙骨的安装应按设计要求弹线，沿墙（柱）的水平龙骨线把L形镀锌轻钢条或铝材用自攻螺钉固定在预埋木砖上。如墙（柱）为混凝土，可用射钉固定，但其间距不得大于次龙骨的间距。

4）安装主龙骨：一般情况下，主龙骨应吊挂在吊杆上，间距为900～1000mm。但对于跨度大于15m的吊顶，应在主龙骨上以间距15m附加上一道大龙骨，并垂直于主龙骨焊接牢固。

5）安装次龙骨和横撑龙骨：次龙骨应紧贴主龙骨安装。次龙骨间距300～600mm。横撑龙骨应用连接件将其两端连接在通长龙骨上。

6）安装饰面板：固定时应在自由状态下固定，防止出现弯棱、凸鼓的现象。螺钉的钉头应略埋入板面，但不得损坏板面，钉眼应做防锈处理并用石膏腻子抹平。纸面石膏板与龙骨固定，应从一块板的中间向板的四边进行固定，不允许多点同时作业。

二、吊顶线条

图1–13　木线条

1. 木线

木线条是选用质硬、木质较细、耐磨、耐腐蚀、不劈裂、切面光滑、加工性质良好、油漆上色性好、粘接性好、钉着力强的木材，经过干燥处理后，用机械加工或手工加工而成的装饰线条（图1–13）。

木质线条造型丰富，式样雅致，做工精细。从形态上一般分为平板线条、圆角线条、槽板线条等。主要用于木质工程中的封边和收口，可以与顶面、墙面和地面完美配合，也可用于门窗套、家具边角、独立造型等构造的封装修饰(图1–14)。

图1–14　用于门窗套

(1) 木线的种类：木质线条从材料上分为实木线条和复合线条。实木线条是选用硬质、组织细腻、材质较好的木材，经干燥处理后，用机械加工或手工加工而成。实木线条纹理自然、浑厚，尤其是名贵木材，成本较高。

图1–15　木线的不同种类

其特点主要表现为表面光滑，棱角、棱边、弧面弧线挺直、圆润、轮廓分明，耐磨、耐腐蚀、不易劈裂、上色性好、易于固定等。制作实木线的主要树种多为柚木、山毛榉、白木、水曲柳、椴木等（图1–15）。

复合线条是以纤维密度板为基材，表面通过贴塑、喷涂形成丰富的色彩及纹理。不同木线都有各自的特点，如：

1）美国黑胡桃木线，纹理、孔眼特别细，材质重一些。

2）加拿大、印尼黑胡桃木线，纹路较粗，材质较轻。

3）椴木线，蒸汽烘干颜色有些浅黄色，质量比较可靠；自然烘干或土窑里烘干，颜色发白、发青，质量没有保证。

4）杨木线木质较硬，颜色发白，木线表面容易起毛，不易打磨，没有光泽，尤其效果不佳。

5）松木线颜色浅黄，木纹明显，不易刨光，干燥不过关容易渗油脂，不是理想的混油木线。

（2）市面上常见的木线品种与价格见表1–3。

表1–3 木线的参考价格

产品名称	品牌	规格／mm	参考价格
沙比利平线	典雅	25×6	4.50元/m
榉木平线	典雅	60×12	8.90元/m
樱桃半圆线	典雅	25×8	11.00元/m
黑胡桃半圆线	典雅	25×8	12.60元/m
缅甸金丝柚平板线	龙升	25×5	4.80元/m
刚果沙比利平板线	龙升	45×5	7.60元/m
红樱桃阴角线	佑鑫	18×18	5.90元/m
柚木阴角线	佑鑫	18×18	7.50元/m
密度板门套线	典雅	60×10×2400	11.30元/根
樟松门套线	建华	60×12×2000	9.80元/根

（3）**木线的挑选：**装饰木线在室内装饰中虽不占主要地位，但它起到画龙点睛的作用。如果选购的木线有质量问题，会影响到整个装修效果。在购买木线产品时应注意以下几点：

1）选择合格证、正规的标签、电脑条码齐全的产品，并可向经销商索取检验报告。

2）选购木制装饰线条时，应注意含水率必须达11%～12%。

3）木线分未上漆木线和上漆木线。选购未上漆木线应先看整根木线是否光洁、平实，手感是否顺滑、有无毛刺。尤其要注意木线是否有节子、开裂、腐朽、虫眼等现象。选购上漆木线，可以从背面辨别木质、毛刺多少，仔细观察漆面的光洁度，上漆是否均匀，色度是否统一，有否色差、变色等现象（图1–16）。

图1–16 未上漆木线

4）提防以次充好。木线也分为清油和混油两类。清油木线对材质要求较高，市场售价也较高。混油木线对材质要求相对较低，市场售价也比较低。

5）季节不同，购买木线时也要注意。夏季时尽量不要在下雨或雨后一两天内购买。冬季时木线在室温下会脱水收缩变形，购买时尺寸要略宽于所需木线宽。

(4) 木线的施工要点。

1）材料准备：在准备材料时要注意使用与基体材料相同、饰面色彩相同的木线条，可先进行收口后，再与基体同时进行饰面。与基体材料不同或不同色彩的木线条，可在基体饰面完成后，再单独进行收口操作。

2）基层处理：检查收口对缝处的基面固定得是否牢固，对缝处是否有凸凹不平现象，并查其原因，进行加固和修正。

3）木装饰线条固定：条件允许时，应尽量采用胶粘固定。如需钉接，最好用射钉枪，射钉钉接时不允许露出钉头。钉的部位应在木线的凹槽位或背视线的一侧。例如：半圆木线条位置高度小于1.6m时，应钉在木线中线偏下部位，高度大于1.7m时，应钉在木线中线偏上部位。

4）木线条拼接：可选用直拼法或角拼法。

①直拼法：就是将木线条在对口处开成30°或45°角，截面加胶后拼口，拼口要求顺滑，不得错位。

②角拼法：将线条放在45°定角器上，细锯锯断（保证截口无毛边），断面涂上胶后对拼，注意不得有错位和离缝现象（图1–17）。

图1–17 角拼法

2. 石膏线

石膏线条以石膏为主，加入骨胶、麻丝、纸筋等纤维，增强石膏的强度，用于室内墙体构造角线、柱体的装饰。优质石膏线条的浮雕花纹凸凹应在10mm以上，花纹制作精细，具有防火、阻燃、防潮、质轻、强度高、不变形、施工方便、加工性能和装饰效果好等特点（图1–18）。

图1–18　石膏线条

（1）**市面上常见的石膏线品种与价格：**由于石膏线的技术门槛低，所以在购买时对于是否是品牌的问题可以忽略不计。目前公认较好的石膏线品牌是太平洋，但价格比较高，常用的一般从20～60元不等。其他牌子的石膏线，由低到高，从5～15元不等。

（2）**石膏线的挑选：**目前，市场上出售的石膏线所用石膏质量存在着很大的差异。好的石膏线洁白细腻，光亮度高，手感平滑，干燥结实，背面平整，用手指弹击，声音清脆。而一些劣质石膏线是用石膏粉加增白剂制成，颜色发青，还有用含水量大并且没有完全干透的石膏制成的石膏线，这些做法的石膏线都会使其硬度、强度大打折扣，使用后会发生扭曲变形，甚至断裂。

在选择石膏线时，应注意以下几点：

1）选择石膏线最好看其断面，成品石膏线内要铺数层纤维网，这样的石膏附着在纤维网上，就会增加石膏线的强度。劣质石膏线内铺网的质量差，不满铺或层数很少，甚至以草、布代替，这样都会减弱石膏线的附着力，影响石膏线质量。而且容易出现边角破裂，甚至断裂。

2）看图案花纹的深浅。一般石膏线的浮雕花纹凹凸应在10mm以上，且制作精细。因为在安装完毕后，还需要经表面的刷漆处理，由于其属于浮雕性质，表面的涂料占有一定的厚度，如果浮雕花纹的凹凸小于10mm，那么装饰出来的效果很难保证有立体感，就好似一块平板，从而失去了安装石膏线的意义（图1–19）。

图1–19　浮雕花纹凹凸应在10mm以上

3）看表面的光洁度。由于安装石膏线后，在刷漆时不能再进行打磨等处理，因此对表面光洁度的要求较高。只有表面细腻、手感光滑的石膏线安装刷漆后，才会有好的装饰效果。如果表面粗糙、不光滑，安装刷漆后就会给人一种粗糙、破旧的感觉。

4）看产品厚薄。石膏属于气密性胶凝材料，因此石膏线必须具有相应厚度，才能保证其分子间的亲和力达到最佳程度，从而保证一定的使用年限和在使用期内的完整、安全。如果石膏线过薄，不仅使用年限短，而且容易造成安全隐患。

5）看价格高低。由于石膏线的加工属于普及型产业，相对的利润差价不是很高，所以可说是一分钱一分货。与优质石膏线的价格相比，低劣的石膏线价格便宜1／3～1／2。这一低廉价格虽对用户具有吸引力，但往往在安装使用后便明显露出缺陷，造成遗憾。

(3) 石膏线的施工要点：石膏线安装施工简单，用快粘粉粘在墙上即可。

(4) 石膏线的修复：石膏线与墙面的材质不同，因此经常出现裂缝的情况。可以找一些腻子粉（一点就够了），和成泥状用手抹在裂缝处，整平，等干了打一下砂纸再涂上墙漆或涂料就行了。

三、吊顶面板

1. 石膏板

图1–20　石膏板

石膏板是以建筑石膏为主要原料制成的一种材料。它是一种重量轻、强度较高、厚度较薄、加工方便以及隔声绝热和防火等性能较好的建筑材料，是当前着重发展的新型轻质板材之一。石膏板已广泛用于住宅、办公楼、商店、旅馆和工业厂房等各种建筑物的内隔墙、墙体覆面板（代替墙面抹灰层）、天花板、吸声板、地面基层板和各种装饰板等（图1–20）。

不同品种的石膏板应该使用在不同的部位。如普通纸面石膏板适用于无特殊要求的部位，像室内吊顶等；耐水纸面石膏板其板芯和护面纸均经过了防水处理，适用于湿度较高的潮湿场所，像卫生间、浴室等。

(1) 石膏板的种类：石膏板基本分为装饰石膏板、纸面石膏板、嵌装式装饰石膏板、耐火纸面石膏板、耐水纸面石膏板和吸声用穿孔石膏板几大类。

图1-21 装饰石膏板

1）装饰石膏板。它是以建筑石膏为主要原料。掺入适量增强纤维、胶粘剂等，经搅拌、成型、烘干等工艺而制成的不带护面纸的装饰板材。具有重量轻、强度高、防潮、防火等性能。装饰石膏板多为正方形，其棱边断面形状有直角型和倒角型两种，不同形状拼装后装饰效果不同（图1-21）。

根据板材正面形状和防潮性能的不同，装饰石膏板分为普通板和防潮板两类。普通装饰石膏板用于卧室、办公室、客厅等空气湿度小的地方，防潮装饰石膏板则可以用于厨房、厕所等空气湿度大的地方。

图1-22 纸面石膏板

2）纸面石膏板。它是以建筑石膏板为主要原料，掺入适量的纤维与添加剂制成板芯，与特制的护面纸牢固粘连而成。具有重量轻、强度高、耐火、隔声、抗振，便于加工等特点。石膏板的形状以棱边角为特点，使用护面纸包裹石膏板的边角形态有直角边、45°倒角边、半圆边、圆边、梯形边（图1-22）。

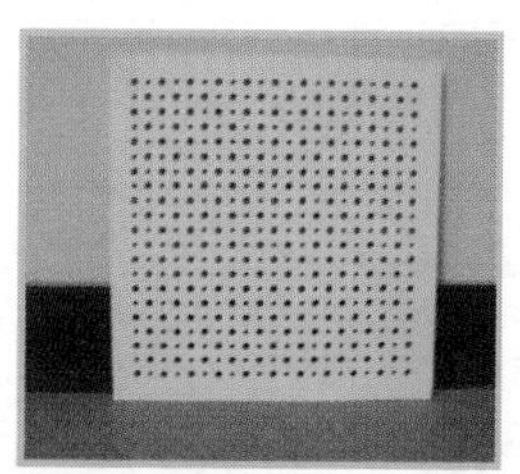
图1-23 嵌装式装饰石膏板

3）嵌装式装饰石膏板。它是以建筑石膏为主要原料，掺入适量的纤维增强材料和外加剂，与水一起搅拌成均匀的料浆，经浇筑、成型、干燥而成的不带护面纸的板材。板材背面四边加厚，并带有嵌装企口，板材正面为平面、带孔或带浮雕图案（图1-23）。

4）耐火纸面石膏板。它是以建筑石膏为主要原料，掺入适量耐火材料和大量玻璃纤维制成耐火芯材，并与耐火的护面纸牢固地粘连在一起。

5）耐水纸面石膏板。它是以建筑石膏为原材料，掺入适量耐水外加剂制成耐水芯材，并与耐水的护面纸牢固地粘连在一起。

6）吸声用穿孔石膏板。它是以装饰石膏板和纸面石膏板为基础板材，并有贯通于石膏板正面和背面的圆形孔眼，在石膏板背面粘贴具有透气性的背覆材料和能吸收入射声能的吸声材料等组合而成。吸声用穿孔石膏板的棱边形状有直角形和倒角形两种。

(2) 市面上常见的石膏板品种与价格见表1–4。

表1–4　石膏板的参考价格

产品名称	品牌	产地	规格/mm	参考价格
福星牌石膏板	福星	成都	3000×1200×12	29.50元/张
福星牌石膏板	福星	成都	2400×1200×12	23.50元/张
福星牌石膏板	福星	成都	3000×1200×9.5	23.00元/张
福星牌石膏板	福星	成都	2400×1200×9.5	18.00元/张
玉龙牌石膏板	玉龙	成都	3000×1200×12	26.50元/张
玉龙牌石膏板	玉龙	成都	2400×1200×12	21.00元/张
玉龙牌石膏板	玉龙	成都	3000×1200×9.5	20.00元/张
玉龙牌石膏板	玉龙	成都	2400×1200×9.5	16.00元/张
龙牌石膏板	龙牌	北京	3000×1200×12	48.00元/张
龙牌石膏板	龙牌	北京	2400×1200×12	38.00元/张
龙牌石膏板	龙牌	北京	3000×1200×9.5	36.00元/张
龙牌石膏板	龙牌	北京	2400×1200×9.5	30.00元/张
绿色家园石膏板	绿色家园	山东	（普通纸面）12	9.00元/m^2
绿色家园石膏板	绿色家园	山东	（普通纸面）9.5	7.00元/m^2
BPB杰科石膏板	杰科	上海	（防火纸面）15	25.00元/m^2
BPB杰科石膏板	杰科	上海	（防火纸面）12	20.00元/m^2
BPB杰科石膏板	杰科	上海	（防潮纸面）15	33.00元/m^2
BPB杰科石膏板	杰科	上海	（防潮纸面）12	28.00元/m^2
BPB杰科石膏板	杰科	上海	（防潮纸面）9.5	23.00元/m^2

（续）

产品名称	品牌	产地	规格/mm	参考价格
BPB杰科石膏板	杰科	上海	（普通纸面）15	18.00元/m^2
BPB杰科石膏板	杰科	上海	（普通纸面）12	14.00元/m^2
BPB杰科石膏板	杰科	上海	（普通纸面）9.5	12.00元/m^2
可耐福石膏板	可耐福	天津	（普通纸面）12	12.00元/m^2
可耐福石膏板	可耐福	天津	（普通纸面）9.5	11.00元/m^2
拉法基石膏板	拉法基	上海	（防潮纸面）12	30.00元/m^2
拉法基石膏板	拉法基	上海	（防潮纸面）9.5	26.00元/m^2
拉法基石膏板	拉法基	上海	（防火纸面）12	23.00元/m^2
拉法基石膏板	拉法基	上海	（普通纸面）12	13.00元/m^2
拉法基石膏板	拉法基	上海	（普通纸面）9.5	12.00元/m^2

（3）石膏板的挑选。

1）观察纸面：优质纸面石膏板用的是进口的原木浆纸，纸轻且薄，强度高，表面光滑，无污渍，纤维长，韧性好。而劣质的纸面石膏板用的是再生纸浆生产出来的纸张，较重较厚，强度较差，表面粗糙，有时可看见油污斑点，易脆裂。纸面的好坏还直接影响到石膏板表面的装饰性能。优质纸面石膏板表面可直接涂刷涂料，劣质纸面石膏板表面必须做满批腻子后才能做最终装饰（图1–24）。

图1–24　优质纸面石膏板表面可直接涂刷涂料

2）观察板芯：优质纸面石膏板选用高纯度的石膏矿作为芯体材料的原材料，而劣质的纸面石膏板对原材料的纯度缺乏控制。纯度低的石膏矿中含有大量的有害物质，好的纸面石膏板的板芯白，而差的纸面石膏板板芯发黄（含有黏土）颜色暗淡。

3）观察纸面粘接：用裁纸刀在石膏板表面划一个45°角的“叉”，然后在交叉的地方揭开纸面，优质的纸面石膏板的纸张依然粘接在石膏芯上，石膏芯体没有裸露；而劣质纸面石膏板的纸张则可以撕下大部分甚至全部纸面，石膏芯完全裸露出来。

4）掂量单位面积重量：相同厚度的纸面石膏板，优质的板材比劣质的一般都要轻。劣质的纸面石膏板大都在设备陈旧工艺落后的工厂中生产出来。越轻越好，当然是在达到标准强度的前提下。

5）查看石膏板厂家提供的检测报告应注意：委托检验仅仅对样品负责，有些厂家可以特别生产一批很好的板材去做检测，然而平时生产的产品不一定能够达到要求，所以抽样检测的检测报告才能代表普遍的生产质量。正规的石膏板生产厂家每年都会安排国家权威的质量检测机构赴厂家的仓库进行抽样检测。

图1–25　用水泥填补钉眼

(4) 石膏板的施工要点。

1）石膏板上的钉眼通常会用防锈钉眼腻子进行处理，其实用水泥填补钉眼是更加省钱省力的方法。而且处理后的效果一点也不比钉眼腻子差（图1–25）。

2）用石膏粉填完缝隙后最好再用防裂胶带在表面贴一下，可以防止热胀冷缩造成顶面开裂。贴的时候要注意一边贴一边用刮刀除去气泡，让胶带和石膏板彻底紧密地结合。

图1–26　圆形吊顶

3）对于造型比较特殊的吊顶，后期的处理非常重要。诸如圆形、波浪形等吊顶都需要经验老到的师傅用小铲刀慢慢修出来，这也是整个吊顶成型最重要的过程（图1–26）。

4）修出基本形状后，就要用砂纸打磨一遍吊顶的边缘，把边上的棱角和毛边都去掉。处理的时候一定要耐心仔细，否则日后非常影响美观。

(5) 石膏板的特性见表1–5。

表1–5 石膏板的特性介绍

1	生产能耗低，效率高	生产同等单位的石膏板的能耗比水泥节省78%。且投资少生产能力大，便于大规模生产，国外已经有年生产量可达到4000万m^2以上的生产线
2	质量轻	用石膏板作隔墙，重量仅为同等厚度砖墙的1/15，砌块墙体的1/10，有利于结构抗震，并可有效减少基础及结构主体造价
3	保温隔热	由于石膏板的多孔结构，其热导率为0.16W/（M·K），与灰砂砖砌块（1.1W/（M·K））相比，其隔热性能具有显著的优势
4	防火性能好	由于石膏芯本身不燃，且遇火时在释放化合水的过程中会吸收大量的热，延迟周围环境温度的升高，因此，石膏板具有良好的防火阻燃性能。经国家防火检测中心检测，石膏板隔墙耐火极限可达4小时
5	隔声性能好	石膏板隔墙具有独特的空腔结构，大大提高了系统的隔声性能
6	装饰功能好	石膏板表面平整，板与板之间通过接缝处理形成无缝表面，表面可直接进行装饰
7	可施工性好	仅需裁纸刀便可随意对石膏板进行裁切，施工非常方便，用它做装饰，可以摆脱传统的湿法作业，极大地提高施工效率
8	居住功能好	由于石膏板具有独特的“呼吸”性能，可在一定范围内调节室内湿度，使居住舒适
9	绿色环保	纸面石膏板采用天然石膏及纸面作为原材料，绝不含对人体有害的石棉（绝大多数的硅酸钙类板材及水泥纤维板均采用石棉作为板材的增强材料）
10	节省空间	采用石膏板作墙体，墙体厚度最小可达74mm，且可保证墙体的隔声、防火性能

2. PVC扣板

图1–27 PVC扣板

PVC扣板吊顶材料，是以聚氯乙烯树脂为基料，加入一定量抗老化剂、改性剂等助剂，经混炼、压延、真空吸塑等工艺而制成的。这种PVC扣板吊顶特别适用于厨房、卫生间的吊顶装饰，具有质量轻、防潮湿、隔热保温、不易燃烧、不吸尘、易清洁、可涂饰、易安装、价格低等优点（图1–27）。

（1）PVC扣板的分类：PVC扣板的规格、色彩、图案繁多，极富装饰性，多用于室内厨房、卫生间的顶面装饰。其外观呈长条状居多，宽度为200～450mm不等，长度一般有3000mm和6000mm两种，厚度为1.2～4mm。

（2）市面上常见的PVC扣板品种与价格见表1–6。

表1–6　PVC扣板的参考价格

产品名称	品牌	规格（mm×m）	参考价格（元/根）
欧美佳覆膜木纹PVC扣板	欧美佳	100×3	28.00
欧美佳覆膜珠光蓝PVC扣板	欧美佳	100×3	25.00
欧美佳覆膜珠光白PVC扣板	欧美佳	100×3	25.00
欧美佳覆膜珠光灰PVC扣板	欧美佳	100×3	25.00
欧美佳覆膜灰条纹PVC扣板	欧美佳	100×3	26.00
欧美佳覆膜白条纹PVC扣板	欧美佳	100×3	26.00

（3）PVC扣板的挑选

1）观察外表。外表要美观、平整，色彩图案要与装饰部位相协调。无裂缝、无磕碰、能装拆自如，表面有光泽、无划痕；用手敲击板面声音清脆。

图1–28　PVC扣板的截面

2）查看企口和凹榫：PVC扣板的截面为蜂巢状网眼结构，两边有加工成型的企口和凹榫，挑选时要注意企口和凹榫完整平直，互相咬合顺畅，局部没有起伏和高度差现象（图1－28）。

3）测试韧性：用手折弯不变形，富有弹性，用手敲击表面声音清脆，说明韧性强，遇有一定压力不会下陷和变形。

4）实验阻燃性能：拿小块板材用火点燃，看其易燃程度，燃烧慢的说明阻燃性能好。其氧指标应该在30以上，才有利于防火。

5）注意环保：如带有强烈刺激性气味则说明环保性能差，对身体有害，应选择刺激性气味小的产品。

6）向经销商索要质检报告和产品检测合格证等证明材料：以避免不必要的麻烦。产品的性能指标应满足热收缩率小于0.3%、氧指数大于35%、软化温度80℃以上、燃点300℃以上、吸水率小于15%、吸湿率小于4%。

（4）PVC扣板的施工要点。

图1–29　PVC扣板安装

安装时要根据同一水平高度装好收边角系列，按1～1.2m的间距吊装轻钢龙骨，吊杆距离按轻钢龙骨的规定分布。

一般PVC扣板配用专用龙骨，龙骨为镀锌钢板和烤漆钢板，标准长度为3000mm。把预装在PVC扣板龙骨上的吊件，连同PVC扣板龙骨紧贴轻钢龙骨并与轻钢龙骨呈垂直方向扣在轻钢龙骨下面，PVC扣板龙骨间距一般为1m，全部装完后必须调整水平（图1–29）。一般情况下建筑物与所要吊装的扣板的垂直距离不超过600mm时，不需要中间加38龙骨或50龙骨，而使用龙骨吊件和吊杆直接连接。最后将PVC扣板按顺序并列平行扣在配套龙骨上，连接时用专用龙骨系列连接件接驳。

(5) **PVC扣板使用的注意事项：**扣板的安装方向根据板的长度来确定，尽量少浪费，如果横向和纵向用料差不多的情况下，板子建议顺光的方向安装。

边角的固定要牢固，钉点的距离20cm左右，碰尖要对好，碰尖的缝隙不能有大小头和张开的黑缝。

扣板上有安装的地方（比如灯具、换气扇、报警器等），扣板的上面需要加固并用吊筋吊牢，不然容易引起扣板局部下坠。

3. 铝扣板

图1-30 铝扣板

铝扣板表面通过吸塑、喷涂、抛光等工艺，光洁艳丽，色彩丰富，并逐渐取代塑料扣板。铝扣板耐久性强，不易变形、不易开裂，质感和装饰感方面均优于塑料扣板，具有防火、防潮、防腐、抗静电、吸声、隔声、美观、耐用等性能（图1-30）。

铝扣板在室内装饰装修中，也多用于厨房、卫生间的顶面装饰。其中吸声铝扣板也有用在公共空间的。铝扣板的外观形态以长条状和方块状为主，厚度为0.6mm或0.8mm。方块型材规格多为300mm×300mm、350mm×350mm、400mm×400mm、500mm×500mm、600mm×600mm。

(1) **铝扣板的种类：**铝扣板分为吸声板和装饰板两种，吸声板孔型有圆孔、方孔、长圆孔、长方孔、三角孔、大小组合孔等，底板大都是白色或铝色；装饰板则注重装饰性，线条简洁流畅，有多种颜色可以选择，有长方形、方形等（图1-31）。

图1-31 长方形铝扣板

根据处理工艺不同，目前市场上的铝扣板主要是喷涂、滚涂、覆膜三种。最便宜的是喷漆的，中档的是滚涂的，最贵的是覆膜的。覆膜的比较漂亮一些，有各种风格的图案，但价格较高；喷漆的多是亚光，不够亮，但是经济实惠。

(2) 市面上常见的铝扣板品种与价格见表1–7。

表1–7　　铝扣板的参考价格

产品名称	品牌	规格	参考价格
乐思龙180B铝合金扣板	乐思龙铝扣板	180B	78.00元/m
乐思龙84R铝合金扣板	乐思龙铝扣板	84R	37.00元/m
乐思龙130B铝合金扣板	乐思龙铝扣板	130B	45.00元/m
乐思龙80B铝合金扣板	乐思龙铝扣板	80B	50.00元/m
乐思龙30B铝合金扣板	乐思龙铝扣板	30B	21.00元/m
乐思龙150C铝合金扣板	乐思龙铝扣板	150C	56.00元/m
乐思龙75C铝合金扣板	乐思龙铝扣板	75C	38.00元/m
现代150面矮直亚光覆膜条板	现代铝扣板	150	24.00元/m
现代100面矮直亚光覆膜条板	现代铝扣板	100	16.00元/m
现代100面矮直覆膜条板	现代铝扣板	100	18.00元/m
现代100矮边直角覆膜珍珠白条板	现代铝扣板	100	12.00元/m
华狮龙50C贵族金镜铝扣板	华狮龙铝扣板	50C	22.00元/m
华狮龙50C贵族银镜铝扣板	华狮龙铝扣板	50C	21.00元/m
华狮龙50C贵族大红条纹铝扣板	华狮龙铝扣板	50C	20.00元/m
华狮龙50C贵族亮光黑铝扣板	华狮龙铝扣板	50C	20.00元/m
华狮龙100C直角贴塑银灰扣板	华狮龙铝扣板	100C	175.00元/m
华狮龙100C直角贴塑水绿扣板	华狮龙铝扣板	100C	175.00元/m
华狮龙150C直角贴塑银灰扣板	华狮龙铝扣板	150C	180.00元/m
华狮龙150C直角贴塑浅蓝扣板	华狮龙铝扣板	150C	180.00元/m
华狮龙A03白色压圆板	华狮龙铝扣板	A03	5.20元/块
华狮龙A18白色压方板	华狮龙铝扣板	A18	5.60元/块

（续）

产品名称	品牌	规格	参考价格
升扬无缝高珠光板白色	升扬铝扣板	100mm×3500mm	80.00元/根
升扬无缝高珠光板白色	升扬铝扣板	100mm×4000mm	92.00元/根
升扬无缝高珠光板银色	升扬铝扣板	100mm×3000mm	78.00元/根
升扬无缝高珠光板银色	升扬铝扣板	100mm×4000mm	102.00元/根
西飞3310白色铝扣板	西飞铝扣板	3310	14.00元/m^2
西飞1805米兰黄铝扣板	西飞铝扣板	1805	22.00元/m^2
西飞1838鸡血红铝扣板	西飞铝扣板	1838	26.00元/m^2

（3）铝扣板的挑选。

1）铝扣板的质量好坏不全在于薄厚，而在于铝材的质地，有些杂牌子用的是易拉罐的铝材，因为铝材不好，板子没有办法很均匀地拉薄，只能做得很厚。所以要防止商家欺骗，并不是厚的就一定质量好。

2）家庭装修用的铝扣板0.6mm厚就足够用了，因为家装用铝扣板，长度很少有4m以上的，而且家装吊顶上没有什么重物。一般只有在工程上用的铝扣板较长，是为了防止变形，所以要用厚一点（0.8mm以上），硬度大一些的。

3）拿一块样品敲打几下，仔细倾听，声音脆的说明基材好，声音发闷说明杂质较多。

图1–32　好的铝扣板正背面都有漆

4）拿一块样品反复掰折，看它的漆面是否脱落、起皮。好的铝扣板漆面只有裂纹、不会有大块油漆脱落。而且好的铝扣板正背面都有漆，因为背面的环境更潮湿，有背漆的铝扣板使用寿命比只有单面漆的铝扣板更长（图1–32）。

5）铝扣板的龙骨材料一般为镀锌钢板，看它的平整度，加工的光滑程度；龙骨的精度，误差范围越小，精度越高，质量越好。

6）防止商家偷梁换柱，覆膜板和滚涂板表面看上去不好区别，而价格上却有很大的差别。可用打火机将板面熏黑，覆膜板容易将黑渍擦去，而滚涂板无论怎么擦都会留下痕迹。

（4）铝扣板的施工要点：铝扣板安装时在装配面积的中间位置垂直次龙骨方向拉一条基准线，对齐基准线向两边安装。安装时，轻拿轻放，必须顺着翻边部位顺序将方板两边轻压，卡进龙骨后再推紧。铝扣板安装完后，需用布把板面全部擦拭干净，不得有污物及手印等。

四、顶棚灯具

1．吊灯

图1–33　吊灯

所有垂吊下来的灯吊灯具都归入吊灯类别。吊灯无论是以电线或以吊索垂吊，都不能吊得太矮，阻碍人正常的视线或令人觉得刺眼。以饭厅的吊灯为例，理想的高度是要在饭桌上形成一池灯光，但又不会阻碍桌上众人互望的视线。现在吊灯吊索大部分已装上弹簧或高度调节器，可适合不同高度的楼层高和需要（图1–33）。

图1–34　小型吊灯

（1）吊灯的分类：用于家庭装修的吊灯分为单头和多头两种，按外形结构可分为枝形、花形、圆形、方形、宫灯式、悬垂式等；按构件材质，有金属构件和塑料构件之分；按灯泡性质，可分为白炽灯、荧光灯、小功率蜡烛灯；按大小体积，可分为大型、中型、小型（图1–34）。

单头吊灯多用于卧室、餐厅，灯罩口朝下，就餐时灯光直接照射于餐桌上，给用餐者带来清晰明亮的视野；多头吊灯适宜装在客厅或大空间的房间里。

吊灯的花样最多，常用的有欧式烛台吊灯、中式吊灯、水晶吊灯、羊皮纸吊灯、时尚吊灯、锥形罩花灯、尖扁罩花灯、束腰罩花灯、五叉圆球吊灯、玉兰罩花灯、橄榄吊灯等。

（2）市面上常见的吊灯品种与价格见表1–8。

表1–8　吊灯的参考价格

产品名称	品牌	规格型号	材质	参考价格/（元/个）
希莉娜吊灯	希莉娜	9396/4+1	玻璃	435.00
希莉娜吊灯（古银）	希莉娜	9384/5	玻璃	465.00
希莉娜吊灯（古银）	希莉娜	9384/3	玻璃	330.00
希莉娜吊灯（金香槟）	希莉娜	9336/3	玻璃	295.00
希莉娜金吊灯	希莉娜	9362/6+2金	玻璃	1650.00
希莉娜金吊灯	希莉娜	8013/4+8+3金	玻璃	4450.00
保时利吊灯	保时利	1210/6+1	磨砂玻璃	525.00
保时利吊灯	保时利	1219/8+1	磨砂玻璃	675.00
保时利吊灯	保时利	1187/8	玻璃	900.00
胜球花灯	胜球	8006/5+1	玻璃	345.00
胜球花灯	胜球	8006/8+1	玻璃	445.00
胜球水晶灯	胜球	22197/8	水晶玻璃	2050.00
胜球水晶灯	胜球	42454/24	水晶玻璃	3265.00
美华餐灯	美华	1012	铝	135.00
美华餐灯	美华	1025	铝	152.00
原点吊灯	原点	7001/1	玻璃+铜网	169.00
原点吊灯	原点	9084/2	实木+玻璃	325.00
原点吊灯	原点	9084/3	实木+玻璃	335.00
莱兹水晶灯	莱兹	C3017/1036–12	水晶	2178.00
莱兹水晶灯	莱兹	C11/906–36/C	水晶	3285.00
莱兹水晶灯	莱兹	S2022–23"	水晶	6888.00
莱兹水晶灯	莱兹	C2009/33"	水晶	9666.00

注：表中规格型号内“/”号后面表示的是灯头的数量和形式。例9396/4+1意为9396型号、5个灯头。

（3）**吊灯的挑选：**使用吊灯应注意其上部空间也要有一定的亮度，以缩小上下空间的亮度差别，否则，会使房间显得阴森。吊灯的大小及灯头数的多少都与房间的大小有关。吊灯一般离顶棚500～1000mm，光源中心距离顶棚以750mm为宜，也可根据具体需要或高或低。如层高低于2.6m的居室不宜采用华丽的多头吊灯，不然会给人以沉重、压抑之感，仿佛空间都变得拥挤不堪（图1–35）。

图1–35　注意吊灯的尺度

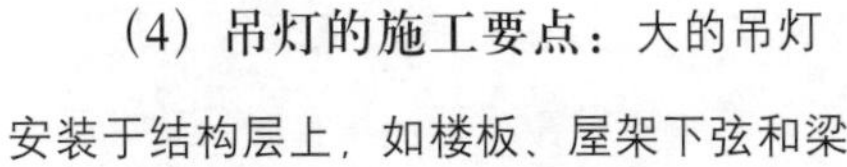

（4）**吊灯的施工要点：**大的吊灯安装于结构层上，如楼板、屋架下弦和梁上，小的吊灯常安装在搁栅上或补强搁栅上，无论单个吊灯或组合吊灯，都由灯具厂一次配套生产，所不同的是，单个吊灯可直接安装，组合吊灯要在组合后安装或安装时组合。对于大面积和条带形照明，多采用吊杆悬吊灯箱和灯架的形式。

1）安装时如有多个吊灯，应注意它们的位置、长短关系，可在安装顶棚的同时安装吊灯，这样可以以吊顶搁栅为依据，调整灯的位置和高低。

2）吊杆出顶棚可用直接出和加套管的方法。加套管的做法有利于安装，可保证顶棚面板完整，仅在需要出管的位置钻孔即可。直接出顶棚的吊灯，安装时板面钻孔不易找正。有时可能采用先安装吊杆再截断面板挖孔安装的方法，但对装饰效果有影响。

3）吊杆应有一定长度的螺纹，以备调节高低用。吊索吊杆下面悬吊灯箱，应注意连接的可靠性。

（5）**吊灯使用的注意事项：**灯具最好不要用水清洗，只要以干抹布蘸水擦拭即可，若不小心碰到水也要尽量擦干，切忌在开灯之后立即用湿抹布擦拭，因为灯泡高温遇水易爆裂。

此外，吊灯切忌不可放置在容易受潮的房子里使用，否则吊灯很容易脱落，而且要经常不定期地检查。

2. 吸顶灯

图1-36　吸顶灯

灯具安装面与建筑物顶棚紧贴的灯具俗称为吸顶灯具。适于在层高较低的空间中安装。光源即灯泡以白炽灯和日光灯为主。以白炽灯为光源的吸顶灯，大多采用乳白色塑料罩、亚克力罩或玻璃罩；以日光灯为光源的吸顶灯多用有机玻璃，金属格片为罩。形状有圆形、方形和椭圆形之分。其中直径在200mm左右的吸顶灯适宜在过道、浴室、厨房内使用。直径在400mm以上的吸顶灯则可在房间中使用。（图1-36）

（1）市面上常见的吸顶灯品种与价格见表1-9。

表1-9　吸顶灯的参考价格

产品名称	品牌	规格型号	材质	参考价格/（元/个）
飞利浦清逸吸顶灯（25W）	飞利浦	BCS2803/25WT5	塑料	125.00
飞利浦清妍吸顶灯（25W）	飞利浦	BCS2503/25WT5	塑料	98.00
飞利浦云乐嵌入式厨房灯（36 W）	飞利浦	TBS108 2×18W	亚克力	192.00
飞利浦向日葵吸顶灯（32W）	飞利浦	BGS3506HF	塑料	252.00
飞利浦欧韵吸顶灯三叶形（32W）	飞利浦	BCS3504HF	塑料	256.00
TCL光之韵型吸顶灯（32W）	TCL	MX-C32CXYW	塑料	135.00
TCL光之韵吸顶灯（40W）	TCL	MX-C40CXYW	亚克力	155.00
TCL海王星T情趣吸顶灯（32W）	TCL	TCLMX-32CXYT	塑料	135.00
天王星护眼A型吸顶灯（55W）	TCL	TCLMX-C55CXYA	亚克力	215.00

（续）

产品名称	品牌	规格型号	材质	参考价格/(元/个)
雷士嵌入式电子吸顶灯（13W）	雷士	NCS13-313	亚克力	47.80
雷士嵌入式电子吸顶灯（25W）	雷士	NCS25-313	亚克力	58.60
雷士嵌入式电子吸顶灯（32W）	雷士	NCS32-314	亚克力	65.20
松下防潮型吸顶灯（22W）	松下	HWC750	塑料	82.00
松下吸顶灯（32W）	松下	HAC9017E	塑料	256.00
松下吸顶灯（72W）	松下	597259	塑料	495.00
松下电子三基色吸顶灯（32W）	松下	HAC9048E	塑料	315.00
朗能天鹅湖吸顶灯(9W)	朗能	X809	塑料	42.50
朗能小镜湖吸顶灯(13W)	朗能	X813	塑料	52.50
朗能小镜湖吸顶灯(21W)	朗能	X821	亚克力	83.20
朗能天鹅湖吸顶灯(25W)	朗能	X825	塑料	72.50
朗能白雪公主吸顶灯(96W)	朗能	LN-X896	塑料	698.00
千丽吸顶灯	千丽	E5054/AA/1	玻璃	245.00
千丽吸顶灯	千丽	A5037/AA/2	玻璃	358.00
千丽吸顶灯	千丽	A5037/AA/3	玻璃	469.00
千丽吸顶灯	千丽	B5037/AA/4	玻璃	928.00
千丽吸顶灯	千丽	C5019/AA/5	玻璃	348.00
骏雅竹艺仿羊皮吸顶灯	骏雅	8185	竹艺仿羊皮	550.00
骏雅竹艺仿羊皮吸顶灯	骏雅	8136/B	竹艺仿羊皮	365.00
骏雅竹艺仿羊皮吸顶灯	骏雅	8125/A	竹艺仿羊皮	499.00
海菱仿羊皮吸顶灯	海菱	MX5546C	仿羊皮	155.00

（续）

产品名称	品牌	规格型号	材质	参考价格/（元/个）
海菱仿羊皮吸顶灯	海菱	MX5546B	仿羊皮	242.00
海菱仿羊皮吸顶灯	海菱	MX5772C	仿羊皮	684.00
海菱仿羊皮吸顶灯	海菱	MX5772B	仿羊皮	986.00

（2）吸顶灯的挑选。

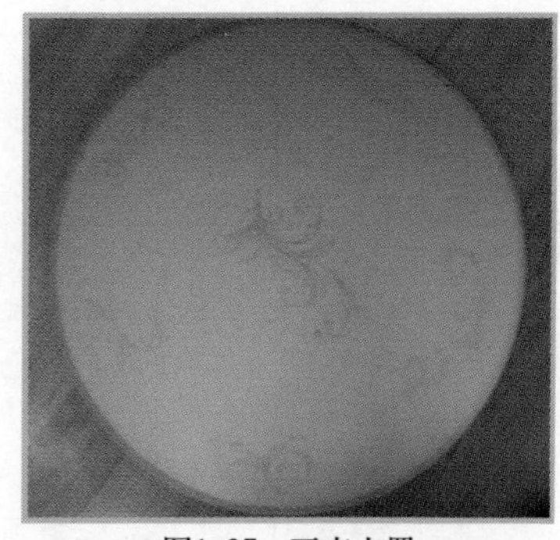

图1–37　亚克力罩

1）看面罩：目前市场上吸顶灯的面罩多是塑料罩、亚克力罩和玻璃罩。其中最好的是亚克力罩，其特点是柔软，轻便，透光性好，不易被染色，不会与光和热发生化学反应而变黄，而且它的透光性可以达到90%以上（图1–37）。

2）看光源：有些厂家为了降低成本，而把灯的色温做高，给人错觉以为灯光很亮，但实际上这种亮会给人的眼睛带来伤害，引起疲劳，从而降低视力。好的光源在间距1m的范围内看书，字迹清晰，如果字迹模糊，则说明此光源为“假亮”，是故意提高色温的次品。

色温就是光源颜色的温度，也就是通常所说的“黄光”、“白光”。通常会用一个数值来表示，黄光就是3300k以下、白光就是5300k以上。

3）看镇流器：所有的吸顶灯都是要有镇流器才能点亮的，镇流器能为光源带来瞬间的起动电压和工作时的稳定电压。镇流器的好坏，直接决定了吸顶灯的寿命和光效。要注意购买大品牌、正规厂家生产的镇流器。

（3）吸顶灯的施工要点。

1）在砖石结构中安装吸顶灯时，应采用预埋螺栓，或用膨胀螺栓、尼龙塞或塑料塞固定；不可使用木楔。并且上述固定件的承载能力应与吸顶灯的重量相匹配。以确保吸顶灯固定牢固、可靠，并可延长其使用寿命（图1–38）。

2）当采用膨胀螺栓固定时，应按产品的技术要求选择螺栓规格，其钻孔直径和埋设深度要与螺栓规格相符。

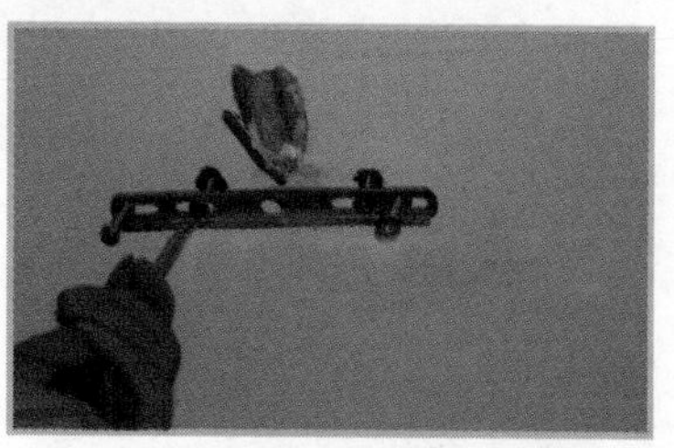

图1－38膨胀螺栓安装吸顶灯

3）固定灯座螺栓的数量不应少于灯具底座上的固定孔数，且螺栓直径应与孔径相配；底座上无固定安装孔的灯具(安装时自行打孔)，每个灯具用于固定的螺栓或螺钉不应少于2个，且灯具的重心要与螺栓或螺钉的重心相吻合；只有当绝缘台的直径在75mm及以下时，才可采用1个螺栓或螺钉固定。

4）吸顶灯安装前还应检查：①引向每个灯具的导线线芯的截面，铜芯软线不小于0.4mm^2，铜芯不小于0.5mm^2，否则引线必须更换。②导线与灯头的连接、灯头间并联导线的连接要牢固，电气接触应良好，以免由于接触不良，出现导线与接线端之间产生火花，而发生危险。

5）与吸顶灯电源进线连接的两个线头，电气接触应良好，还要分别用黑胶布包好，并保持一定的距离，如果有可能尽量不将两线头放在同一块金属片下，以免短路，发生危险。

（4）吸顶灯使用的注意事项。

1）安装之前，检查吸顶灯，外观是不是完好无损，导线和接头有没有固定好，这样可以避免接触不良的现象。吸顶灯使用的是螺口灯头，所以绝缘外壳是不能有破损的，不然就会有漏电的危险。如果发现吸顶灯质量有问题，应该及时进行更换。

2）吸顶灯灯罩的清洁，根据吸顶灯灯罩材质的不同，也有不同的清洗方法：布质灯罩，先用小吸尘器吸掉表面灰尘，然后倒一些洗涤剂擦洗；若灯罩内侧是纸质材料，应避免直接使用洗涤剂，以防破损，用干布擦一遍即可；磨砂玻璃灯罩用软布蘸牙膏清洁，凹凸处的污垢可用软布包裹牙签处理（图1–39）。

图1–39　磨砂玻璃灯罩

3）在擦洗吸顶灯的时候，应该用淡色的棉袜或者棉手套套在手上，轻轻地擦拭灯具，不要随意移动灯具里面的部件。清洁完毕后，应按原样将灯具装好，不要漏装、错装零部件。

3. 筒灯

筒灯是一种嵌入到天花板内光线下射式的照明灯具。一般是有一个螺口灯头，可以直接装上白炽灯或节能灯的灯具。它的最大特点就是能保持建筑装饰的整体美，不会因为灯具的设置而破坏吊顶艺术的完美统一。这种嵌装于天花板内部的隐置性灯具，所有光线都向下投射，属于直接配光。可以用不同的反射器、镜片、百叶窗、灯泡，来取得不同的光线效果（图1–40）。

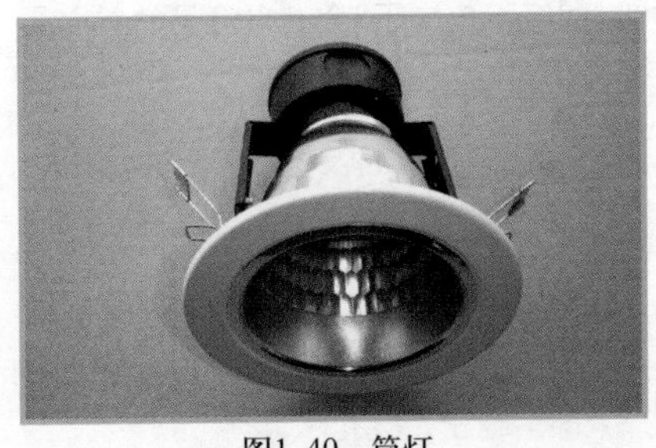

图1–40　筒灯

（1）筒灯的种类： 筒灯属于点光源嵌入式直射光照方式，一般是将灯具按一定方式嵌入顶棚，并配合室内空间共同组成所要的各种造型，使之成为一个完整的艺术图案。如果顶棚照度要求较高，也可以采用半嵌入式灯具。还有横插式、明装式等。其中明装式筒灯的随意性很强，可根据照明的需要来进行设计。顶棚、背景墙、床头、玄关等都可以使用明装式筒灯来装饰（图1–41）。

图1–41　明装式筒灯

（2）市面上常见的筒灯品种与价格见表1–10。

表1–10　筒灯的参考价格

产品名称	品牌	规格型号	材质	参考价格 /（元/个）
三立平面压铸筒灯（白色）	三立	706直插	铁	15.20
三立防雾筒灯（3寸/白色）	三立	SLQ400直插	铁	30.50

（续）

产品名称	品牌	规格型号	材质	参考价格/（元/个）
三立防雾筒灯（4寸/白色）	三立	SLQ401直插	铁	40.20
三立直筒灯(5寸/白色)	三立	501T直插	铁	29.50
三立方形压铸筒灯	三立	828F直插	锌合金	32.50
三立直插筒灯（拉丝银+银）	三立	808直插	铁	24.80
三立防雾筒灯（4寸/白色）	三立	SLQ404横插	铁	41.50
三立6寸双横插防雾筒灯	三立	611HDT横插	铁	70.50
三立4寸横螺口筒灯	三立	423HE横插	铁	28.00
雷士工程筒灯	雷士	NDL312B/BN直插	钢材	11.50
雷士家装小筒灯	雷士	NDL3125P-ECD直插	钢材	13.20
雷士工程刷金筒灯	雷士	NDLZ312P-AD直插	冷轧板	15.20
雷士明装筒灯	雷士	NDLM9135LSG直插	钢材	23.40
雷士明装筒灯	雷士	NDL914R/LW直插	钢材	68.80
雷士螺口筒灯	雷士	NDL954LW横插	钢材	42.50
雷士螺口防雾筒灯	雷士	NDL974LW横插	钢材	45.60
雷士筒灯	雷士	NDL945-2/LW横插	钢材	75.50
雷士筒灯	雷士	NDL944/LW横插	钢材	58.70
雷士筒灯	雷士	NDL934/LW横插	钢材	55.80
雷士筒灯	雷士	NDL964/LW横插	钢材	37.30

（3）**筒灯的挑选：**筒灯灯头是比较重要的一个环节，灯头的主要材质是陶瓷。里面的簧片是最重要的，有铜片和铝片两种，好的品牌采用的是铜片，并在接触点下安装有弹簧，可以加强接触性。另外就是灯头的电源线，好的品牌是采用三线接线灯头（三线即火线，零线，接地线），有的会带上接线端子，这个也是区分好品牌和普通品牌一个很基本的方法。

反光杯一般有砂杯和光杯两种，材料为铝材，铝材不会变色，而且反光度要好些。有的小厂家会用塑料喷塑来做，这种工艺新的看起来很好，但时间长了就会变暗，甚至发黑。鉴别方法就是看切割处的齐整度，铝材的切割很整齐，喷塑则相反（图1–42）。

图1–42　反光杯

（4）**筒灯使用的注意事项：**筒灯的主要问题出在灯口上，有的杂牌筒灯的灯口不耐高温，易变形，导致灯泡拧不下来。现在，所有灯具只有通过3C认证后才能销售，消费者要选择通过3C认证的筒灯。无论是什么筒灯，射灯，都有热量产生，注意不要靠墙太近，以免会使得墙体发黄。

4. 射灯

射灯是典型的无主灯、无定规模的现代流派照明，能营造室内照明气氛，若将一排小射灯组合起来，光线能变幻奇妙的图案。由于小射灯可自由变换角度，组合照明的效果也千变万化（图1–43）。

图1–43　射灯

（1）**射灯的种类：**射灯是近几年发展起来的新品种，其光线方向性强、光色好、色温一般在2950K。射灯能创造独特的环境气氛，深得人们尤其是年轻人的青睐，成为装饰材料中的“新潮一族”。

射灯既能做主体照明，又能做辅助光源，它的光线极具可塑性，可安置在顶棚四周或家具上部，也可置于墙内、踢脚线里，直接将光线照射在需要强调的物体上，起到突出重点、丰富层次的效果。而射灯本身的造型也大多简洁、新潮、现代感强。一般配有各种不同的灯架，可进行高低、左右调节，可独立、可组合，灯头

图1–44　轨道射灯

可做不同角度的旋转，可根据工作面的不同位置任意调节，小巧玲珑，使用方便。其亮度非常高，显色性优，控制配光非常容易。点光、阴影和材质感的表现力非常强，因此它多用于舞台上和展示厅做显示灯，烘托照明气氛（图1–44）。

（2）市面上常见的射灯品种与价格见表1–11。

表1－11　射灯的参考价格

产品名称	品牌	规格型号	材质	参考价格/（元/个）
欧普32W圆灯（嵌冷白）	欧普	MQ22–Y32	塑料	52.00
明德利叻压铸石英射灯	明德利	B5031叻	锌合金	19.20
明德利压铸石英射灯（黑）	明德利	B7400黑	锌合金	32.50
明德利压铸石英射灯（铬）	明德利	B7280铬	锌合金	22.50
三立格栅射灯（闪光银）	三立	SLQ513	铝＋钢材	185.00
三立格栅射灯（闪光银）	三立	SLQ511	铝＋钢材	125.00
三立格栅射灯（闪光银）	三立	SLQ501	铝＋钢材	72.50
雷士格栅射灯	雷士	NDL503SB/LSG	铝合金+铁材	205.00
雷士格栅射灯	雷士	NDL502SB/LSG	铝合金+铁材	158.00
明德利座式射灯（粉）	明德利	3015D	金属＋玻璃	51.90
明德利长杆座式射灯（拉丝）	明德利	2008G	拉丝不锈钢	52.50
明德利轨道射灯	明德利	2008D	拉丝不锈钢	44.60

（续）

产品名称	品牌	规格型号	材质	参考价格/（元/个）
雷士轨道射灯	雷士	TLN150/300LWG	锌合金	63.50
雷士轨道射灯	雷士	TLN132/300LW	锌合金	56.70
雷士走线灯	雷士	NTW160	锌合金	796.00
雷士走线灯	雷士	NTW161B	锌合金	498.00
雷士软轨灯	雷士	LVR222-3	锌合金	385.00

(3) 射灯的挑选。

图-45 靠近墙体的射灯

1）射灯分低压、高压两种，消费者最好选低压射灯，其寿命长一些，光效高一些。射灯的光效高低以功率因数体现，功率因数越大光效越好，普通射灯的功率因数在0.5左右，价格便宜，优质射灯的功率因数能达到0.99，价格稍贵。

2）射灯一般用于对装饰物的加强照明上，一般是嵌入到吊顶或墙体中，射灯工作时一般会发出较高温度，所以一定要购买优质的产品，不然会有安全隐患（图-45）。

3）射灯使用时要搭配变压器使用，灯珠也应选择品质好的，不然射灯的灯珠很容易坏，而且更换相当麻烦。

4）目前市场上的射灯质量良莠不齐，凭肉眼很难辨别好坏，所以购买射灯最好选择品牌产品，并选择相搭配的优质变压器。

(4) 射灯的施工要点：安装射灯时，变压器一般都装在孔里面，没有不安全的问题。因为吊顶中空间大，散热很好。安装射灯常见的问题是，有的工人在前期施工时，没有把电源线布置好，造成在吊顶后，开灯孔找不到线，所以，要注意把线的位置布置好。需要电工与木工配合好。

另一个问题是，有的灯孔开挖时不准确，造成尺寸或间距左右前后等不一致。灯孔由于吊顶的高度而形成深度，这个深度要能够放进射灯。如果不够，就造成灯无法安装。所以，吊顶施工前就要考虑好用什么样的射灯。

（5）射灯使用的注意事项

在灯具和灯光的选用上一定要适量，特别是射灯。过多安装射灯，就会形成光的污染，很难达到理想效果。而且过多安置射灯，很容易造成安全隐患，这些射灯看似功率小，但它们在小小的灯具上能积聚很大热量，短时间内就可产生高温，时间一长易引发火灾。

第2章 墙面材料

一、涂料与胶凝材料

1. 乳胶漆

乳胶漆是以合成树脂乳液涂料为原料，加入颜料、填料及各种辅助剂配制而成的一种水性涂料。是室内装饰装修中最常用的墙面装饰材料。

(1) 乳胶漆的种类

图2-1 不同种类的乳胶漆

乳胶漆与普通油漆不同，它以水为介质进行稀释和分解，无毒无害，不污染环境，无火灾危险。施工简便，消费者可自己动手涂刷。乳胶漆结膜干燥快，施工工期短，节约施工成本。高级乳胶漆还可随意配饰各种色彩，随意选择各种光泽，如亚光、高光、无光、丝光、石光等，装饰手法多样，装饰格调清新淡雅，涂饰完成后手感细腻光滑。其价格低廉，经济实惠、维护方便，可任意覆盖涂饰，高档乳胶漆还具有水洗功能，即墙面沾染污渍后使用清水擦洗即可。市场上销售的乳胶漆多为内墙乳胶漆，桶装规格一般为5L、15L、18L3种（图2-1）。

按照特性，乳胶漆一般分为以下几种。

1）水溶性内墙乳胶漆：水溶性内墙乳胶漆无污染、无毒、无火灾隐患，易于涂刷、干燥迅速，漆膜耐水、耐擦洗性好，色彩柔和。其以水作为分散介质，无有机溶剂性毒气体带来的环境污染问题，透气性好，避免了因涂膜内外温度压力差而导致的涂膜起泡弊病，适合未干透的新墙面涂装。

2）水溶性涂料：水溶性涂料价格低廉，具有一定的装饰性和保护性。生产工艺简单，所用的资源丰富，原材料易得，耐擦洗性不如乳胶漆，一般在10次以下，易起皮、脱落、开裂、起泡，耐候性差。在农村市场占有较大份额。

3）溶剂型内墙乳胶漆：溶剂型内墙乳胶漆以高分子合成树脂为主要成膜物质，必须使用有机溶剂为稀释剂，该涂料用一定的颜料、填料及助剂经混合研磨而制成，是一种挥发性涂料，价格比水溶性内墙乳胶漆和水溶性涂料要高。此类涂料使用易燃溶剂在施工中易造成火灾，在低温施工时性能好于水溶性内墙乳胶漆和水溶性涂料，有良好的耐候性和耐污染性，有较好的厚度、光泽、耐水性、耐碱性，但在潮湿的基层上施工易起皮起泡、脱落等。

4）通用型乳胶漆：通用型乳胶漆有很多种类，适合不同消费层次要求，是目前占市场份额最大的一种产品，最普通的为无光乳胶漆，效果白而没有光泽，刷上确保墙体干净、整洁，具备一定的耐刷洗性，具有良好的遮盖力。是一种典型的丝绸墙面漆，手感跟丝绸缎面一样光滑、细腻、舒适，侧墙可看出光泽度，正面看不太明显。这种乳胶漆对墙体要求比较苛刻，如若是旧墙翻新，底材稍有不平，灯光一打就会显示出光泽不一致，因此对施工要求也比较高，施工时要求活做得非常细致，才能尽显其高雅、细腻、精致的效果。

5）抗污乳胶漆：抗污乳胶漆是具有一定抗污功能的乳胶漆，对一些水溶性污渍，例如水性笔、手印、铅笔等都能轻易擦掉，一些油渍也能蘸上清洁剂擦掉，但对一些化学性物质如化学墨汁等，就不会擦到恢复原样。只是耐污性好些，具有一定的抗污作用，不是绝对的抗污。

6）抗菌乳胶漆：人们对健康洁净的生态化居住环境的追求越来越强烈，对抗菌功能的产品也越来越重视。抗菌乳胶漆除具有涂层细腻丰满、耐水、耐霉、耐候性外，还具有抗菌功能。它的出现推动了建筑涂料的发展。目前理想的抗菌材料为无机抗菌剂，它有金属离子型无机抗菌剂和氧化物型抗菌剂，对常见微生物、金黄色葡萄球菌、大肠杆菌、白色念珠菌及酵母菌、霉菌等具有杀灭和抑制作用。选用抗菌乳胶漆可在一定程度上改善生活环境。

（2）乳胶漆的优点

1）干燥速度快：在25°C时，30分钟内表面即可干燥，120分钟左右就可以完全干燥。

2）耐碱性好：涂于呈碱性的新抹灰的墙和顶棚及混凝土墙面，不易变色。

3）色彩柔和、漆膜坚硬、观感舒适、颜色附着力强。

4）允许湿度可达8%～10%，可在新施工完的湿墙面上施工，而且不影响水泥继续干燥。

图2-2　乳胶漆调制方便

5）调制方便，易于施工：可以用水稀释，用毛刷或排笔施工，工具用完后可用清水清洗，十分便利（图2-2）。

6）无毒无害、不污染环境、防火、使用后墙面不易吸附灰尘。

7）适应范围广。基层材料是水泥、砖墙、木材、三合土、批灰等都可以进行乳胶漆的涂刷。

（3）市面上常见的乳胶漆品种与价格见表2-1。

表2-1　　乳胶漆的参考价格

产品名称	品牌	规格	参考价格
立邦三合一乳胶漆	立邦	5L	290.00元/桶
立邦抗菌三合一乳胶漆	立邦	18L	1050.00元/桶
立邦二代五合一高度防水透气柔光漆	立邦	18L	800.00元/桶
立邦梦幻千色半光超级装饰漆	立邦	4L	260.00元/桶
立邦梦幻千色亚光超级装饰漆	立邦	4L	300.00元/桶

（续）

产品名称	品牌	规格	参考价格
莫威尔内墙缎光乳胶漆	莫威尔	18.93L	180.00元/桶
来威威雅士丝光墙面漆	来威	5L	310.00元/桶
大师内墙中光面漆	大师	3.72L	350.00元/桶
大师内墙蛋壳光面漆	大师	3.42L	385.00元/桶
立邦美得丽	立邦	18L	360.00元/桶
立邦美得丽	立邦	5L	130.00元/桶
立邦金装五合一内墙乳胶漆	立邦	5L	310.00元/桶
立邦温馨家园内墙乳胶漆	立邦	18L	350.00元/桶
立邦净味全效内墙乳胶漆	立邦	5L	400.00元/桶
多乐士二代五合一(抗菌配方)	多乐士	5L	280.00元/桶
多乐士超易洗强化亚光白色漆	多乐士	5L	200.00元/桶
多乐士梦色家白色墙面漆	多乐士	5L	120.00元/桶
多乐士梦色家白色墙面漆	多乐士	18L	320.00元/桶
多乐士金装五合一基漆(白色)	多乐士	4.45L	315.00元/桶
多乐士金装防水五合一乳胶漆	多乐士	5L	310.00元/桶
立邦全效合一礼包	立邦	15L	900.00元/套
立邦二代超级5合1金牌大礼包	立邦	20L	880.00元/套
多乐士金装全效加抗碱底漆礼包	多乐士	15L	890.00元/套

（4）**乳胶漆的挑选：**乳胶漆装饰是室内装饰装修中面积最大、也是最重要的一项装饰工程。在选购乳胶漆前，我们先要了解一下乳胶漆的一些性能。

1）遮蔽性：覆遮性和遮蔽性使乳胶漆效果更好、施工时间消耗更少。

2）易清洗性：易清洗性确保了涂面的光泽和色彩的新鲜。

3）适用性：在施工过程中不会引起出现气泡等状况，使得涂面更光滑。

4）防水功能：弹性乳胶漆具有优异的防水功能，防止水渗透墙壁，从而保护墙壁。具有良好的抗碳化、抗菌、耐碱性能。

5）可弥盖细微裂纹：弹性乳胶漆具有的特殊“弹张”性能，能延伸及弥盖细微裂纹。

目前市场上乳胶漆的品牌众多、档次各异、品质不同。在挑选时，可按照以下步骤购买：

1）用鼻子闻：真正环保的乳胶漆应是水性无毒无味的，所以当你闻到刺激性气味或工业香精味，就不能选择。

2）用眼睛看：放一段时间后，正品乳胶漆的表面会形成厚厚的、有弹性的氧化膜，不易裂；而次品只会形成一层很薄的膜，易碎，具有辛辣气味。

3）用手感觉：用木棍将乳胶漆拌匀，再用木棍挑起来，优质乳胶漆往下流时会成扇面形。用手指摸，正品乳胶漆应该手感光滑、细腻。

4）耐擦洗：可将少许涂料刷到墙上，涂层干后用湿抹布擦洗，高品质的乳胶漆耐擦洗性很强，而低档的乳胶漆只擦几下就会出现掉粉、露底的褪色现象。

5）尽量到重信誉的正规商店或专卖店去购买，购买国内国际知名品牌。选购时认清商品包装上的标识，特别是厂名、厂址、产品标准号、生产日期、有效期及产品使用说明书等。最好选购通过ISO14001和ISO9000体系认证企业的产品，这些生产企业的产品质量比较稳定。产品应符合《GB18582—2001室内装饰装修材料内墙涂料中有害物质限量》标准及获得环境认证标志的产品。购买后一定要索取购货发票等有效凭证。

（5）乳胶漆的施工要点：将涂料搅拌均匀，取出少量倒入平漆盘中摊开，用辊筒均匀地蘸取涂料并在底盘或辊网上滚动至均匀后再在墙面上滚涂。开始时要慢慢滚动，以免一开始速度太快而使涂料飞溅。滚动时将辊筒在墙面上按一定顺序、加轻微压力、均匀地进行滚动。

三种不同原涂料层的处理原则：

1）新房子的墙面一般只需要用粗砂纸打磨，不需要把原漆层铲除。

2）普通旧房子的墙面一般需要把原漆面铲除。方法是用水先把其表层喷湿，然后用泥刀或者电刨机把其表层漆面铲除。

3）对于年久失修的旧墙面，表面已经有严重漆面脱落，批荡层呈粉沙化的，需要把漆层和整个批荡铲除，直至见到水泥批荡或砖层。

（6）乳胶漆使用的注意事项：乳胶漆涂刷常见的质量缺陷有起泡、反碱掉粉、流坠、透底及涂层不平滑等。

图2-3 起泡

1）起泡：主要原因有基层处理不当，涂层过厚，特别是大芯板做基层时容易出现起泡。防止的方法除涂料在使用前要搅拌均匀，掌握好漆液的稠度外，可在涂刷前在底腻子层上刷一遍108胶水。在返工修复时，应将起泡脱皮处清理干净，先刷108胶水后再进行修补（图2–3）。

2）反碱掉粉：主要原因是基层未干燥就潮湿施工，未刷封固底漆及涂料过稀也是重要原因。如发现反碱掉粉，应返工重涂，将已涂刷的材料清除，待基层干透后再施工。施工中必须用封固底漆先刷一遍，特别是对新墙，面漆的稠度要合适，白色墙面应稍稠些。

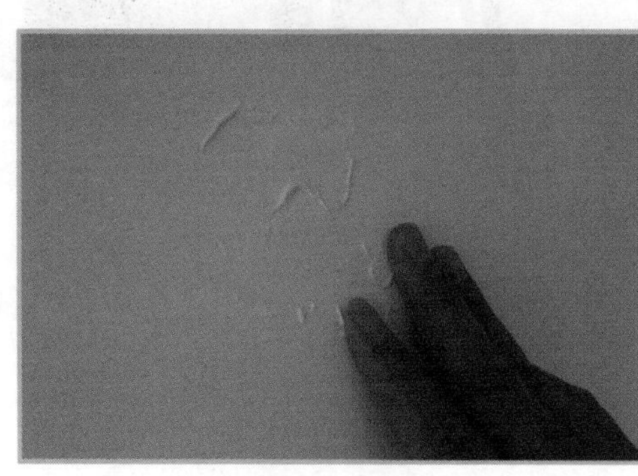

图2-4 流坠

3）流坠：主要原因是涂料黏度过低，涂层太厚。施工中必须调好涂料的稠度，不能加水过多，操作时排笔一定要勤蘸、少蘸、勤顺，避免出现流挂、流淌。如发生流坠，需等漆膜干燥后用细砂纸打磨，清理饰面后再涂刷一遍面漆（图2–4）。

4）透底：主要是涂刷时涂料过稀、次数不够或材料质量差。在施工中应选择含固量高、遮盖力强的产品，如发现透底，应增加面漆的涂刷次数，以达到墙面要求的涂刷标准。

5）涂层不平滑：主要原因是漆液有杂质、漆液过稠、乳胶漆质量差。在施工中要使用流平性好的品牌，最后一遍面漆涂刷前，漆液应过滤后使用。漆液不能过稠，发生涂层不平滑时，可用细砂纸打磨光滑后，再涂刷一遍面漆。

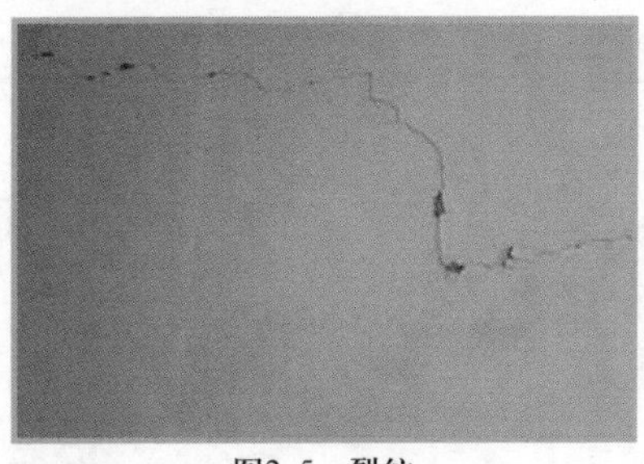

图2–5 裂纹

6）裂纹：施工温度过低，达不到乳胶漆的成膜温度而不能形成连续的涂膜；基层处理不当：如墙面开裂而引起的涂膜开裂；涂刷第一道涂层过厚又未完全干燥即涂第二道，由于内外干燥速度不同，引起涂膜的开裂。批刮的水泥腻子的开裂，引起涂膜的开裂（图2–5）。

7）脱落：主要原因是乳胶漆施工温度低，未能形成连续的涂膜而龟裂，遇水即会脱落；基层疏松，有油污等污物，涂膜与基层黏附不好，造成剥落；基层批刮腻子强度低，腻子层未干透即涂刷乳胶漆；基层过于平滑，以造成涂膜附着力不好。剥落的防范：施工前先观察一下，如有渗漏发生应及时请有关部门解决，应加特殊处理，建议用耐久性强且防水的腻子对墙面作预处理，然后再按常规涂刷。施工时一定要将墙面处理干净（图2–6）。

图2–6 脱落

8）变色及褪色：有的墙体温度过高、日照时间长，或水溶性盐结晶在墙的表面上，并造成乳胶漆变色及褪色；有的墙体内含碱值太高，侵害了抗碱性弱的颜料或树脂而造成变色及褪色；乳胶漆和聚氨酯油漆两者不要同时使用，可在油漆涂完两天后再涂乳胶漆，或待乳胶漆彻底干透后（25℃情况下需7天）再涂装。

2. 木器漆

木器漆是指用于木制品上的一类树脂漆，有聚酯、聚氨酯漆等，可分为水性和油性。按光泽可分为高光、半亚光、亚光。按用途可分为家具漆、地板漆等（图2–7）。

（1）木器漆的种类

1）清漆：俗称凡立水，是一种不含颜料的透明涂料。是以树脂为主要成膜物质，分为油基清漆和树脂清漆两类。油基清漆含有干性油；树脂清漆不含干性油。常用清漆种类繁多，一般多用于木器家具、装饰造型、门窗、扶手表面的涂饰等。

图2–7　木器漆

清漆的施工方法：基材表面必须干燥、打磨平整并将表面清理干净；刷涂要薄，避免过厚出现流坠、起皱、气泡等现象；要等漆干透才能刷下一遍，并且每一遍之间都要打磨，以提高漆膜的附着力和光洁度；避免在低温或高温下操作；不得随意添加稀料和固化剂；油漆开桶后应尽快用完，避免水分的侵入，以免油漆受损；亚光清漆用前要搅匀，以防沉淀，造成漆膜不均匀。

2）厚漆：厚漆又称为铅油，是采用颜料与干性油混合研磨而成，外观黏稠，需要加清油溶剂搅拌方可使用。这种漆遮覆力强，与面漆的黏结性好，广泛用于涂刷面漆前的打底，也可单独用作面层涂刷，但漆膜柔软，坚硬性较差。适用于要求不高的建筑物及木质打底漆，水管接头的填充材料。其特点是常温自干，易涂刮，施工方便；漆膜有一定的附着力及机械性能；易打磨，具有一定的封底、填嵌性能；但漆膜柔软，干燥慢，耐久性差。

在实际应用过程中，应注意在施工过程中严禁与水、油、酸、碱等物质接触；用后请随即合紧听盖，以免变质造成浪费；施工现场必须有良好的通风条件，严禁火种。

3）调合漆：调合漆一般用作饰面漆，在生产过程中已经过调合处理，可直接用于装饰工程施工的涂刷。调合漆一般分为油性调合漆和磁性调合漆两类。油性调合漆是以干性油和颜料研磨后加入催干剂和溶剂调配而成，吸附力强，不易脱落、松化，经久耐用，但干燥、结膜较慢；磁性调合漆是用甘油、松香脂、干性油与颜料研磨后加入催干剂、溶剂配制而成，其干燥性能比油性调合漆要好，结膜较硬，光亮平滑，但容易失去光泽，产生龟裂。适用于室内外金属、木材、砖墙表面。

施工以刷涂为主，也可喷涂。如漆质太稠，可酌加200号溶剂油、松节油进行调节；该漆含有200号溶剂油和二甲苯等的有机溶剂，属于易燃液体，且有一定的毒性。施工现场应注意通风，采取防火、防静电、安全、预防中毒等措施。

4）硝基漆：硝基漆又称为蜡克，是用脱脂硝化棉浸在硝酸中，通过丙酮、醋酸戊酯、醋酸丁酯等溶剂的配制挥发而成的一种高级涂料。干燥后具有良好的光泽和耐久性，具有快干、坚硬、耐磨等优点。主要用于木器及家具制品的涂装、家庭装修、一般装饰涂装、金属涂装和一般水泥涂装等方面。

其涂饰表面平整、丰满、色彩鲜艳、平滑、细腻、手感好、装饰性很高；漆膜坚硬，打磨、抛光性好，当涂层达到一定的厚度，经研磨、抛光后甚至可产生镜面效果。

硝基漆的固含量低，施工时成膜物质只有20%左右，挥发成分占70%～80%，成膜很薄，需多次涂覆才能达到一定的厚度要求，所以，使用硝基漆涂刷的遍数多、成本高。

硝基漆的涂刷工艺较复杂，由涂刷、揩涂、水磨和抛光4组工序组成，涂刷4～5遍，再揩涂10遍以上，直至毛孔被漆填满，表面平整为止。另外，其耐光性差，长期在紫外线作用下漆膜龟裂现象十分严重。若室内使用3年左右，朝阳的木制品端头就会出现发丝般的龟裂；漆膜保护作用不好，不耐有机溶剂、不耐热、不耐腐蚀。

由于硝基漆含有大量挥发性溶剂，易燃易爆，有毒，对环境污染大，所以施工现场一定要采取防毒、通风等措施。

硝基漆是目前比较常见的木器及装修用涂料。优点是装饰作用较好，施工简便，干燥迅速，对涂装环境的要求不高，具有较好的硬度和亮度，不易出现漆膜弊病，修补容易。缺点是固含量较低，需要较多的施工道数才能达到较好的效果；耐久性不太好，尤其是内用硝基漆，其保光保色性不好，使用时间稍长就容易出现诸如失光、开裂、变色等弊病；漆膜保护作用不好，不耐有机溶剂、不耐热、不耐腐蚀。硝基漆的主要成膜物是以硝化棉为主，配合醇酸树脂、改性松香树脂、丙烯酸树脂、氨基树脂等软硬树脂共同组成。一般还需要添加邻苯二甲酸二丁酯、二辛酯、氧化蓖麻油等增塑剂。溶剂主要有酯类、酮类、醇醚类等真溶剂，醇类等助溶剂以及苯类等稀释剂。硝基漆主要用于木器及家具的涂装、家庭装修、一般装饰涂装、金属涂装、一般水泥涂装等方面。

5）聚酯漆：是用聚酯树脂为主要成膜物制成的一种厚质漆。聚酯漆的漆膜丰满，层厚面硬。是目前使用在装潢方面最普遍的一种产品，优点是施工简单，油漆成膜快等，缺点是有害物质偏高且挥发期长。

聚酯漆施工过程中需要进行固化，这些固化剂的分量占了油漆总分量1/3。这些固化剂也称为硬化剂，其主要成分是TDI。这些处于游离状态的TDI会变黄，不但使家具漆面变黄，同样也会使邻近的墙面变黄，这是聚酯漆的一大缺点。另外，超出标准的游离TDI还会对人体造成伤害。

在施工时，建议漆膜薄涂少涂（两底一面有漆膜即可），这样利于有害物质的挥发。

聚酯漆有聚酯底漆、聚酯面漆、地板漆。底漆有高固底、特清底、水晶底之分；面漆（可调色）有亮光、半亚光、全亚光之分；地板漆也有亮光、半亚光、全亚光的区别。

（2）市面上常见的木器漆品种与价格见表2–2。

表2–2　木器漆的参考价格

产品名称	品牌	规格	参考价格/（元/桶）
紫荆花硝基亚光白面漆	紫荆花	13kg	570.00
紫荆花硝基亚光白面漆	紫荆花	3kg	135.00
紫荆花无苯硝基亚光清面漆	紫荆花	10kg	475.00
紫荆花无苯硝基半亚光清面漆	紫荆花	3kg	165.00
紫荆花硝基水晶底漆	紫荆花	13kg	525.00
紫荆花硝基白底漆	紫荆花	13kg	510.00

（续）

产品名称	品牌	规格	参考价格/（元/桶）
紫荆花无苯硝基白底漆	紫荆花	10kg	470.00
紫荆花无苯硝基透明底漆	紫荆花	10kg	460.00
立邦清新家园半亚时尚手扫漆	立邦	4L	200.00
长春藤金装硝基木器力架半亚白面漆	长春藤	4L	195.00
长春藤金装硝基木器力架白底漆	长春藤	4L	185.00
长春藤NC木器白底漆	长春藤	6L	360.00
大孚二代硝基面漆	大孚	1kg	98.00
大孚硝基面漆	大孚	4L	230.00
大孚硝基磁漆	大孚	1kg	50.00
华润硝基透明底漆	华润	14kg	320.00
华润翠雅硝基亮光清漆	华润	14kg	355.00
华润翠雅硝基半光清面漆	华润	3kg	120.00
鳄鱼高级力架清漆半亚光	鳄鱼	13kg	305.00
鳄鱼力架清漆高光	鳄鱼	13kg	295.00
爱的硝基樱花白亚光面漆	爱的	14kg	502.00
爱的硝基无苯亚光清漆	爱的	3kg	108.00

（3）木器漆的挑选

1）在选购木器漆时，首先要选择知名厂家生产的产品。油漆的生产与制造是一项对技术、设备、工艺都有严格要求的整体工程，对生产公司的人才、技术、管理、服务都有较高的要求。只有拥有雄厚实力的厂家才能真正做到。

2）小心“绿色陷阱”。目前市场上各种“绿色”产品铺天盖地，实际上只有同时通过国标强制性认证标准和中国环境标志产品认证才是真正的绿色产品。真正的好油漆既要有好的内在质量，又要求有环保、安全和持久性。真正权威的认证有：ISO14001国际环境管理体系认证、中国环境标志认证、中国Ⅲ型环境标志认证和中国环保产品认证，同时必须完全符合国家颁布的十项强制性标准。

3）不要贪图价格便宜。有些厂家为了降低生产成本，没有认真执行国标标准，有害物质含量大大超过标准规定，如三苯含量过高，它可以通过呼吸道及皮肤接触，使身体受到伤害，严重的可导致急性中毒。木器漆的作业面比较大，不能为了贪一时的便宜，为今后的健康留下隐患。

（4）**木器漆的施工要点：**先将木材表面上的灰尘、胶迹等用刮刀刮除干净，但应注意不要刮出毛刺且不得刮破。然后用1号以上的砂纸顺木纹精心打磨，先磨线角、后磨平面直到光滑为止。当基层有小块翘皮时，可用小刀撕掉；如有较大的疤痕则应由木工修补；节疤、松脂等部位应用虫胶漆封闭，钉眼处用油性腻子嵌补（图2–8）。

图2–8　打磨基层

用腻子刀将腻子刮入钉孔、裂缝和棕眼内，刮抹时要横抹竖起，如遇接缝或节疤较大时应用铲刀将腻子挤入缝隙内，然后抹平，一定要刮光且不留松散腻子。待腻子干透后，用1号砂纸顺木纹轻轻打磨，先磨线角后磨平面，直到光滑为止。

木材表面上的黑斑、节疤、腻子疤等颜色不一致处，应用漆片、酒精加色粉调配或用清漆、调合漆和稀释剂调配进行修色。木材颜色深的应修浅，浅的提深，将深色和浅色木面拼成一色，并绘出木纹。最后用细砂纸轻轻往返打磨一遍，然后用潮湿的布将粉尘擦掉。

3. 白乳胶

白乳胶又称聚醋酸乙烯乳液，是一种乳化高分子聚合物。白乳胶是由醋酸乙烯与乙烯经聚合而成，共聚体简称EVA。外观为乳白色稠厚液体，一般无毒无味、无腐蚀、无污染，是一种水性胶粘剂（图2–9）。

图2–9　白乳胶

白乳胶具有常温固化快、成膜性好、黏结强度大、抗冲击、耐老化等特点。其黏结层具有较好的韧性和耐久性。固体含量为50±2%，PH值为4～6。对木材、纸张、纤维等材料黏结力强。广泛应用于印刷业，木材黏结、建筑业、涂料等许多方面。在室内装饰装修工程中一般用于木制品的黏结和墙面腻子的调合，也可用于黏结壁纸、水泥增强剂、防水涂料及木材胶粘剂等。

(1) 市面上常见的白乳胶品种与价格见表2–3。

表2–3　白乳胶的参考价格

产品名称	品牌	规格	参考价格/（元/桶）
白乳胶	美巢占木宝	4kg	59.80
白乳胶	美巢占木宝	16kg	210.90
BRJ–I白乳胶	三维	5kg	36.80
BRJ–I白乳胶	三维	18kg	98.00
BRJ–235白乳胶	三维	18kg	116.00
BRJ–I白乳胶	三维	0.5kg	3.60
BRJ–I白乳胶	三维	1kg	8.90
K–401白乳胶	光明	20kg	96.00
无甲醛白乳胶	绿色家园	20kg	126.00
环保白胶0101型	汉港	4kg	36
环保白胶0101型	汉港	8kg	64
环保白胶0101型	汉港	18kg	124
环保白胶040型	汉港	10kg	140
环保白胶040型	汉港	18kg	218

(2) 白乳胶的挑选

1）在选购白乳胶时，要选择名牌企业生产的产品，要看清包装及标识说明。注意胶体应均匀，无分层，无沉淀，开启容器时无刺激性气味。

2）选择名牌企业生产的产品及在大型建材超市销售的产品，因为大型建材超市讲信誉、重品牌，有一套完善的进货渠道，产品质量较为可靠，价位也相对合理。

（3）**白乳胶的施工要点：**黏结操作时，使用温度不得低于7℃；不耐高温，超过95℃，将导致胶层强度下降。

（4）**白乳胶使用的注意事项。**

1）根据不同用途，白乳胶可用水稀释，但需先将它升温至超过30℃，并用高于30℃的水缓慢加入搅拌均匀方可使用，不可用10℃以下的冷水稀释。

2）使用后，应将盖子盖严，为了防止结皮，可洒一层水，使用时搅拌均匀。并且在使用前加入少许盐酸，可提高固化速度。

3）勿将白乳胶倒入河道或下水道，以免造成污染或下水道阻塞，使用后剩余物，静置存放，待干燥成膜后以固体废弃物处置。

4. 其他黏合材料

（1）**万能胶：**万能胶具有良好的耐油、耐溶剂和耐化学试剂的性能。由于氯丁橡胶胶粘剂是一种黏结能力强，应用面很广的胶粘剂，如进行橡胶、皮革、织物、纸板、人造板、木材、泡沫塑料、陶瓷、混凝土等自粘或互粘，所以又称为万能胶。其实，真正的万能胶是不存在的，只是它的应用面较广而予以其美称（图2–10）。

万能胶的种类：

1）氯丁无苯万能胶。

2）环保型喷刷万能胶。

3）溶剂油型无苯毒快干万能胶。

4）特级万能胶。

5）水性防腐万能胶。

6）环保型建筑防水万能胶。

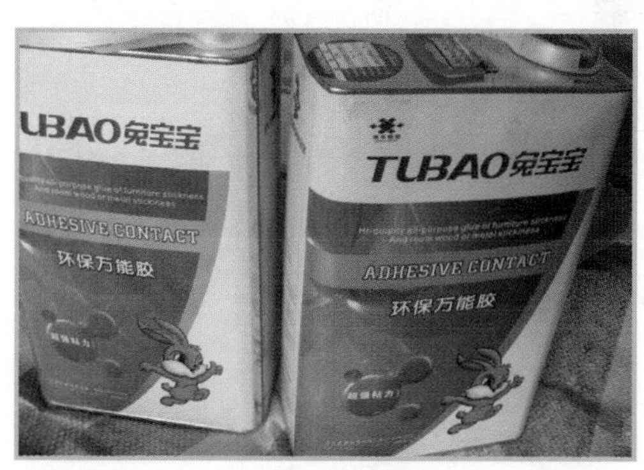

图2–10　万能胶

（2）**壁纸粉：**壁纸粉是一种贴壁纸墙布的专用胶粘剂。其黏结性强，溶化迅速，内含防霉、防虫剂，外观以洁白的微粒粉状为佳。由于壁纸粉是水溶性聚合物，如果防潮保护不好，壁纸粉会受潮，结板、泛黄并失效，所以购买时需检查。

粉末壁纸胶是一种粉末状胶粘剂，使用时用1份质量的粉末胶加10～15份水，搅拌10分钟后使用。其特点是黏结力好，干燥速度快，壁纸在刚粘贴后不剥落，边角不翘起，1天后基本干燥，干后黏结牢固。剥离试验时，胶接面黏结良好。室内湿度85%以下时经3个月不翘边、不脱落、不鼓泡。主要适用于水泥、抹灰、石膏板、木板墙等墙面上粘贴塑料壁纸。

（3）**壁纸白胶：**壁纸白胶是一种新型的壁纸裱贴修补胶。主要用于壁纸裱贴后再次出现的边角开口，对缝开口，气泡处理等问题的修复补救工作。其最大特性是黏结力很强，干涸后色泽透明，不会使壁纸发黄，使修复工作的难度大大减少。该胶无须调配，即开即用，使用方便。另外，该胶还可与普通壁纸粉胶液混合，以增强普通壁纸粉胶液的黏结力。

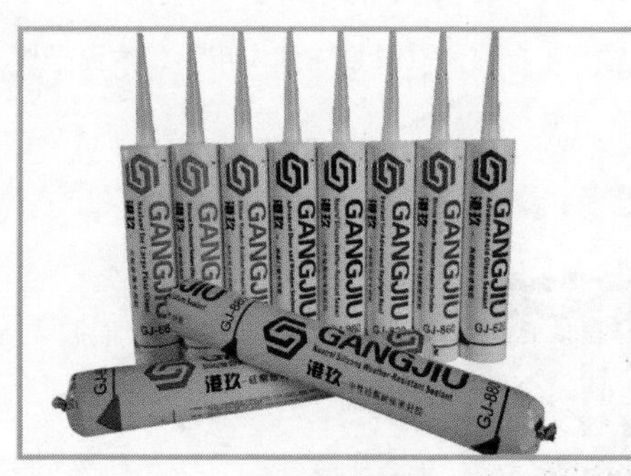

图2－11玻璃胶

（4）**玻璃胶：**玻璃胶是无色透明黏稠液体，能在室温下快速固化，一般4～8小时内即可固化完全，固化后透光率和折射系数与有机玻璃基本相同，玻璃胶能黏结的材料很多，如玻璃、陶瓷、金属、硬质塑料、铝塑板、石材、木材、砖瓦、水泥等（图2–11）。

室内装饰装修常用的玻璃胶按性能分为两种：中性玻璃胶和酸性玻璃胶。不同的位置要用不同性能的玻璃胶，一般多用于木线背面亚口处、洁具、坐便器、卫生间里的镜面、洗手池与墙面的缝隙处等。中性玻璃胶黏结力比较弱，一般用在卫生间镜子背面这些不需要很强黏结力的地方；而酸性玻璃胶一般用在木线背面的哑口处，黏结力很强。

选购玻璃胶时除了要选择大品牌，还要一闻气味，二比光泽，三查颗粒，四看气泡，五检验固化效果，六试拉力和黏度。另外，市场上玻璃胶的品种很多，有酸性玻璃胶、中性耐候胶、硅酸中性结构胶、硅酮石材胶、中性防霉胶、中空玻璃胶、铝塑板专用胶、水族箱专用胶、大玻璃专用胶、浴室防霉专用胶、酸性结构胶等，针对不同的材料要选择不同性质的玻璃胶。

（5）市面上常见的黏合材料品种与价格见表2–4。

表2–4　　黏合材料的参考价格

产品名称	品牌	规格	参考价格
门窗专用水性密封胶软装(透明)	GE	163ml	19.50元/支
门窗专用水性密封胶软装(透明)	GE	299ml	25.20元/支
美家宝系列门窗密封胶(白色)	美家宝	148ml	30.10元/支
快而佳高级发泡胶	快而佳	500ml	51.50元/支
快而佳高级发泡胶	快而佳	750ml	65.20元/支
快而佳多用途填缝修补膏	快而佳	250ml	24.50元/支
紫荆花金牌装饰胶	紫荆花	4L	78.00元/桶
紫荆花668万能胶	紫荆花	4L	56.00元/桶
汉高百得环保万能胶	汉高	3L	139.00元/桶
汉高PXT4S百得万能胶(透明)	汉高	4L	132.00元/桶
汉高PXT4S百得万能胶(透明)	汉高	30ml	10.10元/支
百得PT40C高浓度万能胶	汉高	50g	17.20元/支
快而佳PVC胶	快而佳	100ml	15.60元/支
生态家园LSST—70特品108胶	生态家园	18kg	86.00元/桶
生态家园LSST—701—108胶	生态家园	18kg	62.00元/桶
美巢108胶(建筑胶粘剂)	美巢	18kg	88.00元/桶
美宝牛皮纸胶带	美宝	60mm×2m	3.70元/卷
美宝牛皮纸胶带	美宝	48mm×2m	2.80元/卷

（续）

产品名称	品牌	规格	参考价格
美宝泡棉双面胶带	美宝	24mm×4m	2.60元/卷
美宝彩色地毯单面胶带	美宝	48mm×15m	13.20元/卷
正点M10高级宽幅美纹纸	正点	50mm×30m	12.50元/卷
蓝健龙美纹纸胶带	蓝健龙	36mm×18m	4.50元/卷
沃德木地板专用胶	沃德	4kg	125.00元/桶
沃德木地板专用胶	沃德	1kg	38.00元/桶
沃德超级胶霸	沃德	3kg	56.00元/桶

二、壁纸

图2-12 塑料壁纸

1. 塑料壁纸

塑料壁纸是以优质木浆纸为基层，以聚氯乙烯塑料为面层，经印刷、压花、发泡等工序加工而成。塑料壁纸品种繁多，色泽丰富，图案变化多样，有仿木纹、石纹、锦缎的，也有仿瓷砖、黏土砖的，在视觉上可达到以假乱真的效果。是目前被使用最多的一种壁纸（图2–12）。

塑料壁纸分为普通壁纸、发泡壁纸和特种壁纸三类：

（1）普通壁纸花色品种多，有单色压花、印花压花、有光印花、平光印花等多种类型，每种类型又有几十乃至上百种花色（图2–13）。

（2）发泡壁纸有高发泡印花、低发泡印花、低发泡压花等品种。高发泡壁纸表面呈富有弹性的凹凸花纹，具有吸声和装饰双重功能。低发泡壁纸有拼花、仿木纹、仿瓷砖等花色。

（3）特种壁纸有耐水壁纸，阻燃壁纸，彩砂壁纸等品种。可用于有防水要求的卫生间、浴

图2–13 有光印花

室，有防火要求的木板墙面装饰及需有立体质感的门厅、走廊局部装饰等。特种壁纸按其功能可分为耐水壁纸、防火壁纸、吸烟壁纸、发光壁纸和风景壁纸等品种。

表2–5　特种壁纸的种类及性能

种类	性　　能
耐水壁纸	运用玻璃纤维毡为基料，并在上面涂上塑聚氯乙烯树脂制成。这种壁纸的耐水性很好，多用于浴室、卫生间等潮湿房间墙壁的装饰
防火壁纸	用100～200g/m^{2}的石棉纸作基材，且在涂塑聚氯乙烯树脂中掺加阻燃剂以使壁纸具有一定的阻燃防火性能。适用于干燥、不易通风的地方
吸烟壁纸	加入了一道特别工序　，因此它具有能吸收烟味的功能，对于家中有“烟民”的家庭再适合不过了
发光壁纸	以特殊工艺加工而成，上面装饰有各种有趣的图案，在房中隔绝了光源的情况下会自动发光。尤其受到小孩子的欢迎
风景壁纸	就是将风景或油画、图画经过摄影放大，印刷到壁纸上。风景壁纸比一般的壁纸厚，但张贴工艺一样。较适合客厅、书房等

2. 纺织壁纸

图2–14　纺织壁纸

纺织壁纸又称纺织纤维墙布或无纺贴墙布，其原材料主要是丝、棉、麻等纤维，由这些原料织成的壁纸(壁布)具有色泽高雅、质地柔和、手感舒适、弹性好的特性。纺织壁纸是较高档的品种，质感好、透气，用它装饰居室，给人以高雅、柔和、舒适的感觉（图2–14）。

纺织壁纸分为棉纺壁纸、锦缎壁纸和化纤装饰壁纸三类：

（1）棉纺壁纸是将纯棉平布经处理、印花、涂层制作而成，它具有挺括、不易折断、有弹性、表面光洁而又有羊绒毛感，纤维不老化、不散失，对皮肤无刺激作用的特点。且色泽鲜艳、图案雅致、不易褪色，具有一定的透气

图2-15　锦缎壁纸

性和可擦洗性。适用于抹灰墙面、混凝土墙面、石膏板墙面、木质板墙面、石棉水泥墙面等基层的粘贴。

（2）锦缎壁纸是更为高级的一种，要求在3种颜色以上的缎纹底上，再织出绚丽多彩、古雅精致的花纹。缎面色泽绚丽多彩、质地柔软，对裱糊的技术工艺要求很高，属室内高级装饰（图2–15）。

（3）化纤装饰壁纸是以涤纶、腈纶、丙纶等化纤布为基材，经处理后印花而成，其特点是无味、透气、防潮、耐磨、不分层、强度高、质感柔和高雅、耐晒、不褪色，适于各种基层的粘贴。

3. 天然材料壁纸

天然材料壁纸是一种用草、麻、木材、树叶等天然植物制成的壁纸，如麻草壁纸。它是以纸作为底层，编织的麻草为面层，经复合加工而成。也有用珍贵树种的木材切成薄片制成的。具有阻燃、吸声、散潮的特点，装饰风格自然、古朴、粗犷，给人以置身自然原野的美感（图2–16）。

图2-16　天然材料壁纸

另外，天然材料壁纸可重复粘贴，不容易出现褪色、起泡翘边现象，产品更新无须将原有壁纸铲除（凹凸纹除外），可直接张贴在原有壁纸上，并得到双重墙面保护。

4. 玻纤壁纸

玻纤壁纸也称玻璃纤维墙布。它是以玻璃纤维布作为基材，表面涂树脂、印花而成的新型墙壁装饰材料。它的基材是用中碱玻璃纤维织成，以聚丙烯、

图2–17 玻纤壁纸

酸甲酶等作为原料进行染色及挺括处理，形成彩色坯布，再以乙酸乙酶等配置食粮色浆印花，经切边、卷筒成为成品。玻纤墙布花样繁多，色彩鲜艳，在室内使用不褪色、不老化，防火、防潮性能良好，可以刷洗，施工也比较简便（图2–17）。

5. 金属膜壁纸

金属膜壁纸是在纸基上涂布一层电化铝箔而制得，具有不锈钢、黄金、白银、黄铜等金属质感与光泽。无毒，无气味，无静电，耐湿、耐晒，可擦洗，不褪色，是一种高档裱糊材料。用该壁纸装修的建筑室内能给人以金碧交辉、富丽堂皇的感受。

6. 市面上常见的壁纸品种与价格见表2–6。

表2–6 壁纸的参考价格

产品名称	品牌	规格/m	参考价格/（元/卷）
Bloom	Brewster(布鲁斯特)	0.53×10	468.00
Bloom（腰线）	Brewster(布鲁斯特)	4.6	240.00
锦绣前程	Brewster(布鲁斯特)	0.68×8.2	498.00
锦绣前程（腰线）	Brewster(布鲁斯特)	5	286.00
艺术空间	Brewster(布鲁斯特)	0.53×10	478.00
创意生活	Brewster(布鲁斯特)	0.53×10	428.00
金属时代	Brewster(布鲁斯特)	0.53×10	386.00
金属时代（腰线）	Brewster(布鲁斯特)	4.6	246.00
罗马假日	Brewster(布鲁斯特)	0.53×10	320.00
罗马假日（腰线）	Brewster(布鲁斯特)	5	245.00
爱尔福特壁纸V–710	爱尔福特	0.75×25	980.00
爱尔福特壁纸V–705	爱尔福特	0.75×25	780.00
爱尔福特壁纸V–702	爱尔福特	0.75×25	940.00
爱尔福特壁纸V–707	爱尔福特	0.75×25	910.00
爱尔福特壁纸V–706	爱尔福特	0.75×25	880.00

（续）

产品名称	品牌	规格/m	参考价格/(元/卷)
爱尔福特壁纸N-261	爱尔福特	0.53×10.05	160.00
爱尔福特壁纸N-286	爱尔福特	0.53×10.05	180.00
爱尔福特壁纸N-254	爱尔福特	0.53×10.05	160.00
爱尔福特壁纸R-79	爱尔福特	0.53×17	188.00
爱尔福特壁纸R-80	爱尔福特	0.53×17	195.00
爱尔福特壁纸R-82	爱尔福特	0.53×17	180.00
爱尔福特壁纸R-20	爱尔福特	0.53×17	246.00
爱尔福特壁纸R-32	爱尔福特	0.53×17	260.00

7. 壁纸的挑选

（1）颜色样式的选择：壁纸的颜色一般分为冷色和暖色，暖色以红黄、橘黄为主，冷色以蓝、绿、灰为主。壁纸的色调如果能与家具、窗帘、地毯、灯光相配衬，居室环境则会显得和谐统一。对于卧房、客厅、餐厅各自不同的功能区，最好选择不同的壁纸，以达到与家具和谐的效果。如暗色及明快的颜色适宜用在餐厅和客厅；冷色及亮度较低的颜色适宜用在卧室及书房；面积小或光线暗的房间，宜选择图案较小的壁纸等。

图2－18 竖条纹状图案

竖条纹状图案增加居室高度，长条状的花纹壁纸具有恒久性、古典性、现代性与传统性等各种特性，是最成功的选择之一。长条状的设计可以把颜色用最有效的方式散布在整个墙面上，而且简单高雅，非常容易与其他图案相互搭配（图2–18）。

大花朵图案降低居室拘束感，适合格局较为平淡的房间。而细小规律的图案增添居室秩序感，可以为居室提供一个既不夸张又不会太平淡的背景（图2–19）。

图2–19 大花朵图案

（2）产品质量：在购买时，要确定所购的每一卷壁纸都是同一批货，壁纸每卷或每箱上应注明生产厂名、商标、产品名称、规格尺寸、等级、生产日期、批号、可拭性或可洗性符号等。一般的情况下，可多买一卷额外的壁纸，以防发生错误或将来需要修补时用。

壁纸运输时应防止重压、碰撞及日晒雨淋，应轻装轻放，严禁从高处扔下。壁纸应储存在清洁、荫凉、干燥的库房内，堆放应整齐，不得靠近热源，保持包装完整，裱糊前才拆包。在使用之前务必将每一卷壁纸都摊开检查，看看是否有残缺之处。 壁纸尽管是同一编号，但由于生产日期不同，颜色上有可能出现细微差异，而每卷壁纸上的批号即代表同一颜色，所以在购买时还要注意每卷壁纸的编号及批号是否相同。

一般要从以下几个方面来鉴别：

1）天然材质或合成（PVC）材质，简单的方法可用火烧来判别。一般天然材质燃烧时无异味和黑烟，燃烧后的灰尘为粉末白灰，合成（PVC）材质燃烧时有异味及黑烟，燃烧后的灰为黑球状。

2）好的壁纸色牢度可用湿布或水擦洗而不发生变化。

3）选购时，可以贴近产品闻其是否有任何异味，有味产品可能含有过量甲苯、乙苯等有害物质，不宜购买。

4）壁纸表面涂层材料及印刷颜料都需经优选并严格把关，能保证壁纸经长期光照后（特别是浅色、白色壁纸）不发黄。

5）看图纹风格是否独特，制作工艺是否精良。

（3）壁纸用量的估算：购买壁纸之前可估算一下用量，以便买足同批号的壁纸，减少不必要的麻烦，避免浪费。壁纸的用量用下面的公式计算：

壁纸用量（卷）＝房间周长×房间高度×（100＋K）%，

式中，K为壁纸的损耗率，一般为3～10。K值的大小与下列因素有关。

1）大图案比小图案的利用率低，因而值略大；需要对花的图案比不需要对花的图案利用率低，K值略大；竖向排列的图案比横向排列的图案利用率低，K值略大。

2）裱糊面复杂的要比普通平面需用壁纸多，K值高。

3）拼接缝壁纸利用率高，K值最小，重叠裁切拼缝壁纸利用率最低，K值最大。

（4）壁纸认识上的误区

1）认为壁纸有毒，对人体有害。这是个错误的宣传导向。从壁纸生产技术、工艺和使用上来讲，PVC树脂不含铅和苯等有害成分。与其他化工建材相比，可以说壁纸是没有毒性的，对人体是无害的。

2）认为壁纸使用时间短。不愿经常更换、怕麻烦，这是观念的陈旧和落后。壁纸的最大特点就是可以随时更新，经常不断改变居住空间的气氛，常有新鲜感。如果每年能更换一次，改变一下居室气氛，无疑是一种很好的精神调节和享受。国外家庭有的一年一换，有的一年换两次，有的圣诞节、过生日都要换一下家中的壁纸。

3）认为壁纸容易脱落。容易脱落不是壁纸本身的问题，而是粘贴工艺和胶水的质量问题。使用壁纸不但没有害处，而且有四大好处：一是更新容易；二是粘贴简便；三是选择性强；四是造价便宜。

8．壁纸的施工要点

如果是旧的涂料墙面，应先进行打毛处理，并在表面涂上一层表面处理剂；刮腻子前，应先在基层刷一层涂料进行封闭，目的是防止腻子粉化、基层吸水；而对于纸面石膏板，主要是对缝处和螺钉孔位处用嵌缝腻子的处理，然后用油性石膏腻子局部找平。

根据裱糊面的尺寸和材料的规格，两端各留出30～50mm，然后裁出第一段壁纸。有图案的材料，应将图形自墙的上部开始对花。裁切时尺子应压紧壁纸后不再移动，刀刃紧贴尺边，连续裁切并标号，以便按顺序粘贴。

在赶压气泡时，对于压延壁纸可用钢板刮刀刮平，对于发泡或复合壁纸则严禁使用钢板刮刀，只可使用毛巾或海绵赶平；另外，壁纸不得在阳角处拼缝，应包角压实，壁纸包过阳角应不小于20mm。遇到基层有突出物体时，应将壁纸舒展地裱在基层上，然后剪去不需要的部分（图2–20）。

图2–20 赶压气泡

9. 壁纸使用的注意事项

一般来说，壁纸选择冷色调或是暖色调，与房间的光线息息相关。朝南或是朝东的房间光照充足，甚至有一点明晃晃的感觉，壁纸宜选用淡雅的浅蓝、浅绿等冷色调，如果光线非常好，壁纸的颜色可以适当加深一点以中和光线的强度，以免壁纸在强光的映射下泛白。此外，不宜大面积使用带反光点或是反光花纹的壁纸，如果用得太多，会像在墙面装了很多小镜片，让人觉得晃。

壁纸常见的质量缺陷有：

（1）壁纸起泡。壁纸起泡是最常见的问题，主要是粘贴壁纸时涂胶不均匀导致后期壁纸表面收缩受力与基层分离，从而出现一些内置气泡。其实解决的方法很简单，只要拿一般的缝衣针将壁纸表面的气泡刺穿，将气体释放出来，再用针管抽取适量的胶粘剂注入刚刚的针孔中，最后将壁纸重新压平、晾干即可（图2–21）。

图2–21 壁纸起泡

（2）壁纸发霉。壁纸发霉一般发生在雨季和潮湿天气，主要是墙体水分过高。针对发霉情况不是太严重的壁纸的解决方法如下：用白色毛巾蘸取适量清水擦拭，或用肥皂水擦拭。最好的办法是到壁纸店去买专门的除霉剂（图2–22）。

图2–22 壁纸发霉

（3）壁纸翘边。壁纸翘边有可能是基层处理不干净、胶粘剂黏结力太低

图2–23 壁纸翘边

或者包阳角的壁纸边少于2mm等原因。解决方法是要使用专门贴壁纸的胶粉（图2–23）。

（4）壁纸的擦洗。用湿布或者干布擦洗有脏物的地方；不能用一些带颜色的原料污染壁纸，否则很难清除；擦拭壁纸应在一些偏僻的墙角或门后隐蔽处先做测试，避免出现大面积壁纸损坏。

三、墙砖

1. 釉面砖

釉面砖又称为陶瓷砖、瓷片或釉面陶土砖，是一种传统的卫生间、浴室墙面砖，是以黏土或高岭土为主要原料，加入一定的助溶剂，经过研磨、烘干、筑模、施釉、烧结成型的精陶制品（图2–24）。

图2–24 釉面砖

（1）釉面砖的种类：釉面砖的正面有釉，背面呈凸凹方格纹，由于釉料和生产工艺不同，一般有白色釉面砖、彩色釉面砖、印花釉面砖等多种。

图2–25 装饰釉面砖

1）白色釉面砖：颜色纯白，釉面光亮，给人以整洁之感。

2）彩色釉面砖：釉面光亮晶莹，色彩丰富多样；或釉面半无光，色泽一致，色调柔和，无刺眼之感。

3）装饰釉面砖：在釉面砖上施以多种彩釉，经高温烧成。色釉互相渗透，花纹千姿百态，有良好装饰效果；或具有天然大理石花纹，颜色丰富饱满，可与天然大理石媲美（图2–25）。

图2-26 瓷砖壁画

4）印花釉面砖：在釉面砖上装饰各种彩色图案，经高温烧成，或纹样清晰，款式大方；或产生浮雕、缎光、绒毛、彩漆等效果。釉面砖表面所施釉料品种很多，有白色釉、彩色釉、光亮釉、珠光釉、结晶釉等。

5）瓷砖壁画：以各种釉面砖拼成各种瓷砖画，或根据已有画稿烧成釉面砖拼成各种瓷砖画。巧妙地将绘画技法和陶瓷装饰艺术融于一体，经过放样、制版、刻画、配釉、施釉、烧成等一系列工序，采用浸点、涂、喷、填等多种施釉技法和丰富多彩的窑变技术而产生出独特的艺术效果（图2-26）。

根据原材料的不同又分为陶制釉面砖和瓷制釉面砖。其中由陶土烧制而成的釉面砖吸水率较高，强度较低，背面为红色；由瓷土烧制而成的釉面砖吸水率较低，强度较高，背面为灰白色。现今主要用于墙地面铺设的是瓷制釉面砖，其质地紧密、美观耐用、易于保洁、孔隙率小、膨胀不显著。

（2）**釉面砖的规格：**釉面砖的应用非常广泛，但不宜用于室外，因为室外的环境比较潮湿，而此时釉面砖就会吸收水分产生湿胀，其湿胀应力大于釉层的抗张应力时，釉层就会产生裂纹。所以釉面砖主要用于室内的厨房、浴室、卫生间。

墙面砖规格一般为（长×宽×厚）200mm×200mm×5mm、200mm×300mm×5mm、250mm×330mm×6mm、330mm×450mm×6mm等，高档墙面砖还配有一定规格的腰线砖、踢脚线砖、顶脚线、花片砖等，均有彩釉装饰，而且价格昂贵。

（3）**釉面砖的挑选**

1）在光线充足的环境中把釉面砖放在离视线半米的距离外，观察其表面有无开裂和釉裂，然后把釉面砖反转过来，看其背面有无磕碰情况，只要不影

图2–27 合格的釉面砖

响正常使用，有些磕碰也可以的。但如果侧面有裂纹，且占釉面砖本身厚度一半或一半以上的时候，此砖就不宜使用了（图2–27）。

2）随便拿起一块釉面砖，然后用手指轻轻敲击釉面砖的各个位置，如声音一致，则说明内部没有空鼓、夹层；如果声音有差异，则可认定此砖为不合格产品。

3）选购有正式厂名、商标及检测报告等的正规合格釉面砖。

2. 锦砖

锦砖又称为马赛克，源自古罗马和古希腊的镶嵌艺术。如今的锦砖经过现代工艺的打造，在色彩、质地、规格上都呈现出多元化的发展趋势，而且品质优良。一般由数十块小砖拼贴而成，小瓷砖形态多样，有方形、矩形、六角形、斜条形等。形态小巧玲珑，具有防滑、耐磨、不吸水、耐酸碱、抗腐蚀、色彩丰富等特点（图2–28）。

图2–28 锦砖

现在的锦砖可以烧制出更加丰富的色彩，也可用各种颜色搭配拼贴成自己喜欢的图案，镶嵌在墙上作为背景墙。

锦砖的一般规格有20mm×20mm、25mm×25mm、30mm×30mm，厚度依次在4～4.3mm之间。

（1）锦砖的分类

锦砖按质地分为陶瓷、大理石、玻璃、金属等几大类。其中，玻璃锦砖又分为熔融玻璃锦砖、烧结玻璃锦砖和金星玻璃锦砖。当今应用广泛的有玻璃锦

图2–29 各种锦砖

砖和金属锦砖，其中由于价格原因，最为流行的当属玻璃锦砖（图2–29）。

1）陶瓷锦砖，最传统的一种锦砖，保留了陶的质朴，又不乏瓷的细腻。以小巧玲珑著称，但较为单调，档次较低。

2）大理石锦砖，是中期发展的一种锦砖品种，丰富多彩，但其耐酸碱性差、防水性能不好，所以市场反映并不是很好。

3）熔融玻璃锦砖，以硅酸盐等为主要原料，在高温下熔化成型并呈乳浊或半乳浊状，内含少量气泡和未熔颗粒的玻璃锦砖。

4）烧结玻璃锦砖，以玻璃粉为主要原料，加入适量胶粘剂等压制成一定规格尺寸的生坯；在一定温度下烧结而成（图2－30）。

5）金星玻璃锦砖，内含少量气泡和一定量的金属结晶颗粒，具有明显遇光闪烁的特点。

6）金属锦砖，金属锦砖是锦砖中的奢侈品，一般是在陶瓷锦砖表面烧一层金属釉，也有是在表面粘一层金属膜，上面覆盖水晶玻璃。更高档的是由真正的金属材料制成的，但价格非常昂贵。

图2–30 玻璃锦砖

（2）锦砖的挑选

1）在自然光线下，距锦砖半米目测有无裂纹、疵点及缺边、缺角现象，如内含装饰物，其分布面积应占总面积的20%以上，且分布均匀。

2）锦砖的背面应有锯齿状或阶梯状沟纹。选用的胶粘剂，除保证黏结强度外，还应易清洗。此外，胶粘剂还不能损坏背纸或使玻璃锦砖变色。

3）抚摩其釉面应可以感觉到防滑度，然后看密度，密度高才吸水率低，吸水率低是保证锦砖持久耐用的重要因素，可以把水滴到锦砖的背面，水滴往外溢的质量好，往下渗透的质量劣。另外，内层中间打釉通常是品质好的锦砖。

4）选购时要注意颗粒之间是否同等规格、大小一样，每小颗粒边沿是否整齐，将单片锦砖置于水平地面检验是否平整，单片锦砖背面是否有太厚的乳胶层。

5）品质好的锦砖包装箱表面应印有产品名称、 厂名、注册商标、生产日期、色号、规格、数量和重量（毛重、净重），并应印有防潮、易碎、堆放方向等标志。

3. 墙砖的品种与价格（表2–7）

表2–7　墙砖的参考价格

产品名称	品牌	规格/mm	类型	参考价格/（元/片）
塞尚印象系列内墙砖	诺贝尔	250×400	内墙砖	16.50
诺贝尔内墙砖	诺贝尔	240×320	内墙砖	15.50
诺贝尔内墙砖	诺贝尔	600×300	内墙砖	32.00
诺贝尔内墙砖	诺贝尔	450×300	内墙砖	23.00
诺贝尔内墙砖	诺贝尔	450×900	内墙砖	120.00
吉尼斯墙砖	吉尼斯	250×330	内墙砖	3.60
吉尼斯墙砖	吉尼斯	450×300	内墙砖	8.50
罗马春芽墙砖	罗马	250×360	内墙砖	7.80
罗马弗莱克斯墙砖	罗马	450×300	内墙砖	18.20
冠军墙砖	冠军	250×330	内墙砖	9.20
冠军矽晶岩墙砖	冠军	600×300	内墙砖	37.00
马可波罗墙砖	马可波罗	316×450	内墙砖	14.20
马可波罗墙砖	马可波罗	330×330	内墙砖	25.00
马可波罗墙砖	马可波罗	200×500	内墙砖	16.20
维纳斯复古墙砖	维纳斯	298×598	内墙砖	17.00
维纳斯内墙砖	维纳斯	250×330	内墙砖	6.20

（续）

产品名称	品牌	规格/mm	类型	参考价格/（元/片）
L&D高光丽晶石墙砖	罗丹	316×450	内墙砖	19.80
L&D墙砖	罗丹	110×330	内墙砖	12.00
欧神诺水波游弋墙砖	欧神诺	300×450	内墙砖	16.00
欧神诺晓月明珠墙砖	欧神诺	300×450	内墙砖	18.00
奥米茄墙砖	奥米茄	600×300	内墙砖	16.50
奥米茄墙砖	奥米茄	450×300	内墙砖	14.20
奥米茄墙砖	奥米茄	250×330	内墙砖	6.20
蒙娜丽莎墙砖	蒙娜丽莎	250×350	内墙砖	5.80
蒙娜丽莎墙砖	蒙娜丽莎	450×300	内墙砖	14.20
冠军外墙砖	冠军	60×200	外墙砖	1.60
鑫源外墙砖	鑫源	65×220	外墙砖	0.80
鑫源外墙砖	鑫源	88×188	外墙砖	0.76
梅盛外墙砖	梅盛	330×330	外墙砖	5.80
梅盛外墙砖	梅盛	60×200	外墙砖	0.50
梅盛外墙砖	梅盛	45×195	外墙砖	0.38

4．釉面砖的施工要点

为了控制整个镶贴釉面砖表面的平整度，正式镶贴前，在墙上粘废釉面砖作为标志块，上下用托线板挂直，作为粘贴厚度的依据，横向每隔1.5m左右做一个标志块，用拉线或靠尺校正平整度。在门洞口或阳角处，如有阴三角镶过时，则应将尺寸留出先铺贴一侧的墙面，并用托线板校正靠直。如无镶边，应双面挂直。

在釉面砖背面抹满灰浆，四周刮成斜面，厚度在5mm左右，注意边角要满浆。当釉面砖贴在墙面时应用力按压，并用灰铲木柄轻击砖面，使釉面砖紧密粘于墙面。铺完整行的砖后，再用长靠尺横向校正一次。

对高于标志块的应轻轻敲击，使其平齐；若低于标志块的，应取下砖，重新抹满刀灰铺贴，不得在砖口处塞灰，否则会产生空鼓。然后依次按此法往上铺贴。如因釉面砖的规格尺寸或几何尺寸形状不等时，应在铺贴时随时调整，使缝隙宽窄一致（图2–31）。

图2–31 缝隙宽窄一致

当贴到最上一行时，要求上口呈一直线。上口如没有压条，应用一边圆的釉面砖，阴角的大面一侧也用一边圆的釉面砖，这一排的最上面一块应用两边圆的釉面砖。在有洗面盆、镜子等的墙面上，应按洗面盆下水管部位为界，往两边排砖。

5. 釉面砖使用的注意事项

釉面砖粘贴前应放入清水中浸泡2小时以上，然后取出晾干，用手按砖背无水迹时方可粘贴。冬季宜在掺入2%盐的温水中浸泡。

砖墙面要提前1天湿润好，混凝土墙面可以提前3～4天湿润，以免吸走黏结砂浆中的水分。

勾缝后用抹布将砖面擦干净。如果砖面污染严重，可用稀盐酸清洗后再用清水冲洗干净即可。

四、隔墙材料

骨架隔墙施工所使用的主要材料有轻钢龙骨及配件、木龙骨、细木工板、防火板、纸面石膏板、人造胶合板、人造硬质纤维板等（轻钢龙骨及配件、木龙骨及纸面石膏板前面都有介绍）。

1. 细木工板

图2–32 细木工板

细木工板又称为大芯板、木芯板，它是利用天然旋切单板与实木拼板经涂胶、热压而成的板材。从结构上看它是在板芯两面贴合单板构成的，板芯则是由木条拼接而成的实木板材。其竖向(以芯材走向区分)抗弯压强度差，但横向抗弯压强度较高。细木工板具有规格统一、加工性强、不易变形、可粘贴其他材料等特点，是室内装饰装修中常用的木材制品(图2–32)。

（1）**细木工板的种类：**细木工板从加工工艺上可分为两类。一类是手工板，是用人工将木条镶入夹层之中，这种板持钉力差、缝隙大，不宜锯切加工，一般只能整张使用，如做实木地板的垫层等。另一类是机制板，质量优于手工板，质地密实，夹层树种持钉力强，如做各种家具等。但有些小厂家生产的机制板板内空洞多，黏结不牢固，质量很差（图2–33）。

图2–33　机制板

（2）**细木工板的品种与价格见表2–8。**

表2－8　细木工板的参考价格

产品名称	品牌	规格/mm	参考价格/（元/张）
福春优质东北木材细木工板	福春	2440×1220×18	135.00
福春无甲醛精品细木工板	福春	2440×1220×18	170.00
福春细木工板	福春	2440×1220×12	115.00
福春细木工板	福春	2440×1220×15	122.00
福春细木工板	福春	2440×1220×18	130.00
鹏鸿杨木中板特一等细木工板	鹏鸿	2440×1220×18	128.00
鹏鸿柳桉中板环保特优等细木工板	鹏鸿	2440×1220×18	142.00
鹏鸿无醛胶山桂花面细木工板	鹏鸿	2440×1220×18	155.00
全富E1一等细木工板	全富	2440×1220×18	130.00
全富精品无醛胶细木工板	全富	2440×1220×18	180.00
富春一级细木工板	富春	2440×1220×18	80.00
富春特级细木工板	富春	2440×1220×15	88.00
富春特级细木工板	富春	2440×1220×18	105.00
福津EO级细木工板	福津	2440×1220×18	160.00
福津无醛胶细木工板	福津	2440×1220×18	140.00
森鹿杉木细木工板杉木	森鹿	2440×1220×15	118.00
森鹿杉木细木工板杉木	森鹿	2440×1220×16.5	125.00
森鹿杉木细木工板杉木	森鹿	2440×1220×18	145.00

(3) 细木工板的挑选： 细木工板的工艺要求很高，不仅需要足够的场地让木材有充足的时间进行适应性自然干燥，而且还要通过干燥窑进行严格的干燥工艺控制。尤其是国家强制实行装饰装修有害物质限量达标之后，用于大芯板的胶粘剂必须进行改进，仅此一项成本就增加不少，而且原材料价格还在不断提升。因此，由于成本的限制，市场上售价低于80元的细木工板一定不要购买。盲目追求便宜，会给人体的健康带来危害。不少商家为了谋取利润，以各种手法蒙骗消费者。在选购时，应注意以下几点。

1）细木工板的质量等级分为优等品、一等品和合格品，细木工板出厂前，应在每张板背右下角加盖不褪色的油墨标记，表明产品的类别、等级、生产厂代号、检验员代号；类别标记应当标明室内、室外字样。如果这些信息没有或者不清晰，就要引起注意。

2）外观观察，挑选表面平整，疤节、起皮少的板材；观察板面是否有起翘、弯曲，有无鼓包、凹陷等；观察板材周边有无补胶、补腻子现象。查看芯条排列是否均匀整齐，缝隙越小越好。板芯的宽度不能超过厚度的2.5倍，否则容易变形（图2–34）。

图2–34 优质细木工板

3）用手触摸，展开手掌，轻轻平抚木芯板板面，如感觉到有毛刺扎手，则表明质量不高。

4）用双手将细木工板一侧抬起，上下抖动，倾听是否有木料拉伸断裂的声音，有则说明内部缝隙较大，空洞较多。优质的细木工板应有一种整体感、厚重感。

5）从侧面拦腰锯开后，观察板芯的木材质量是否均匀整齐，有无腐朽、断裂、虫孔等，实木条之间缝隙是否较大。

6）将鼻子贴近细木工板剖开截面处，闻一闻是否有强烈刺激性气味。如果细木工板散发清香的木材气味，说明甲醛释放量较少；如果气味刺鼻，说明甲醛释放量较多，还是不要购买。

7）在购买后，装车时要注意检查装车的细木工板是否与销售时所看到的样品一致，防止不法商家“偷梁换柱”。

8）要防止个别商家为了销售伪劣产品有意混淆E1级和E2级的界限。细木工板根据其有害物质限量分为E1级和E2级两类，其有害物质主要是甲醛。家庭装饰装修只能使用E1级的细木工板，E2级的细木工板即使是合格产品，其甲醛含量也可能要超过E1级大芯板三倍多。

9）向商家索取细木工板检测报告和质量检验合格证等文件，细木工板的甲醛含量应小于等于1.5mg/L，才可直接用于室内，而小于等于5mg/L必须经过饰面处理后才允许用于室内。所以，购买时一定要问清楚是不是符合国家室内装饰材料标准，并且在发票上注明。

2. 胶合板

图2–35　胶合板

胶合板是由木段旋切成单板或木方刨成薄木，再用胶粘剂胶合而成的三层或三层以上的板状材料。为了尽量改善天然木材各向异性的特性，使胶合板特性均匀、形状稳定，制作胶合板时，其单板厚度、树种、含水率、木纹方向及制作方法都应该相同。层数必须为奇数，如三、五、七、九合板等，以使各种内应力平衡（图2–35）。

（1）胶合板的种类：由于胶合板有变形小、施工方便、不翘曲、横纹抗拉力学性能好等优点。在室内装修中胶合板主要用于木质制品的背板、底板等。由于厚薄尺度多样，质地柔韧、易弯曲，也可配合木芯板用于结构细腻处，弥补木芯厚度均一的缺陷，使用比较广泛。其规格为1220mm×2440mm，厚度分别为3mm、5mm、7mm、9mm等（图2–36、图2–37）。

图2–36　5mm厚胶合板

图2–37　9mm厚胶合板

按胶层的耐水性及耐久性可分成四类胶合板见表2–9。

表2–9　胶合板类别特点

品种	属 性	特 点
一类胶合板	耐气候、耐沸水胶合板	具有耐久、耐煮沸或蒸汽处理和抗菌等性能。是由酚醛树脂胶或其他性能相当的胶粘剂胶合而成。该产品适用于航空、船舶、车厢制造、混凝土模板或要求耐水性良好的木制品构件上
二类胶合板	耐水胶合板	能在冷水中浸渍，能经受短时间热水浸渍，并具有抗菌等性能，但不耐煮沸。是由脲醛树脂胶或其他性能相当的胶粘剂胶合而成。适用于车厢、船舶、家具制造及室内装修和其他室内用途的木制品上等
三类胶合板	耐潮胶合板	能耐短时间冷水浸渍。是由低树脂含量的脲醛树脂胶、血胶或性能相当的胶粘剂胶合而成，适用于家具制造、包装等室内用途的木制品上
四类胶合板	不耐潮胶合板	具有一定的胶合强度，是由豆胶或其他性能相当的胶粘剂胶合而成。主要用于包装及一般室内用途的木制品上

注：以上四类胶合板中，二类胶合板为常用胶合板，一类胶合板次之，而三、四类胶合板极少使用。

（2）胶合板的品种与价格见表2–10。

表2–10　胶合板的参考价格

产品名称	品牌	规格/mm	参考价格/(元/张)
福津环保胶合板	福津	2440×1220×12	90.00
福津环保胶合板	福津	2440×1220×9	78.00
福津环保胶合板	福津	2440×1220×5	55.00
福津环保胶合板	福津	2440×1220×3	37.00
佳佳柳桉胶合板	佳佳	2440×1220×12	128.00
佳佳柳桉胶合板	佳佳	2440×1220×9	95.00
佳佳柳桉胶合板	佳佳	2440×1220×5	68.00
佳佳柳桉胶合板	佳佳	2440×1220×3	42.00
鼎高柳桉胶合板	鼎高	2440×1220×12	110.00
鼎高柳桉胶合板	鼎高	2440×1220×9	85.00
鼎高柳桉胶合板	鼎高	2440×1220×5	60.00
鼎高柳桉胶合板	鼎高	2440×1220×3	36.00
兔宝宝EO级胶合板	兔宝宝	2440×1220×12	180.00
兔宝宝EO级胶合板	兔宝宝	2440×1220×9	140.00
兔宝宝EO级胶合板	兔宝宝	2440×1220×5	90.00
兔宝宝EO级胶合板	兔宝宝	2440×1220×3	70.00
通力柳安杂木胶合板	通力	2440×1220×12	132.00
通力柳安杂木胶合板	通力	2440×1220×9	110.00
通力柳安杂木胶合板	通力	2440×1220×5	72.00
通力柳安杂木胶合板	通力	2440×1220×3	50.00
兔宝宝胶合板	兔宝宝	2440×1220×12	135.00
兔宝宝胶合板	兔宝宝	2440×1220×9	110.00
兔宝宝胶合板	兔宝宝	2440×1220×5	76.00
兔宝宝胶合板	兔宝宝	2440×1220×3	52.00

（3）**胶合板的挑选：**在室内装饰装修中，由于使用的位置不同，胶合板的规格、厚度不同，在选购之前要做好预算，列好清单，避免不必要的浪费。

在挑选时，应注意以下几点：

1）胶合板要木纹清晰，正面光洁平滑，不毛糙，要平整无滞手感。夹板有正反两面的区别。

图2–38 无破损、碰伤、硬伤、疤节等疵点

2）胶合板不应有破损、碰伤、硬伤、疤节等疵点。长度在15mm之内的树脂囊、黑色灰皮每平方米要少于4个；长度在150mm、宽度在10mm的树脂漏每平方米要少于4条；角质节（活节）的数量要少于5个，且面积小于15mm²；没有密集的发丝干裂现象以及超过200mm×0.5mm的裂缝（图2–38）。

3）双手提起胶合板一侧，能感受到板材是否平整、均匀、无弯曲起翘的张力。

4）个别胶合板是将两个不同纹路的单板贴在一起制成的，所以要注意胶合板拼缝处是否应严密，是否有高低不平现象。

5）要注意已经散胶的胶合板。如果手敲胶合板各部位时，声音发脆，则证明质量良好。若声音发闷，则表示胶合板已出现散胶现象。

或用一根长50cm左右的木棒，将胶合板提起轻轻敲打各部位，声音匀称、清脆的基本上是上等板；如发出“壳壳”的哑声，就很可能是因脱胶或鼓泡等引起的内在质量毛病。这种板只能当衬里板或顶底板用，不能作为面料。

6）胶合板应该没有明显的变色及色差，颜色统一，纹理一致。注意是否有腐朽变质现象。

7）挑选时，要注意木材色泽与家具油漆颜色相协调。一般水曲柳、椴木夹板为淡黄色，荸荠色家具都可，但柳安夹板有深浅之分，浅色涂饰没有什么问题，但深色的只可制作荸荠色家具，而不宜制作淡黄色家具，否则家具色泽发暗。尽管深色可用氨水洗一下，但处理后效果不够理想，家具使用数年后，色泽仍会变色发深。

8）向商家索取胶合板检测报告和质量检验合格证等文件，胶合板的甲醛含量应小于等于1.5mg/L，才可直接用于室内，而小于等于5mg/L必须经过饰面处理后才允许用于室内。

3. 纤维板

图2-39 纤维板

纤维板（又称密度板）是用木材或植物纤维为主要原料，加入添加剂和胶粘剂，在加热加压条件下，压制而成的一种板材。纤维板因做过防水处理，其吸湿性比木材小，形状稳定性、抗菌性都较好（图2-39）。

（1）纤维板的种类：纤维板结构均匀，板面平滑细腻，容易进行各种饰面处理，尺寸稳定性好，芯层均匀，厚度尺寸规格变化多，可以满足多种需要。根据容重不同，纤维板分为低密度、中密度和高密度板。一般型材规格为1220mm×2440mm，厚度3～25mm不等。通常情况下，家庭装修所用的大多数是中密度纤维板（图2-40、图2-41）。

图2-40 中密度纤维板

图2-41 高密度纤维板

中密度纤维板是以木质纤维或其他植物纤维为原料，施加脲醛树脂或其他合成树脂，在加热加压条件下压制而成的密度在0.50～0.88g/cm³范围的板材，也可以加入其他合适的添加剂以改善板材特性（表2-11）。中密度纤维板具有良好的物理力学性能和加工性能，可以制成不同厚度的板材，因此被广泛用于室内装修行业。

表2–11 纤维板的种类

按原料分类	木质纤维板	是用木材加工废料加工而成的
	非木质纤维板	是以芦苇、稻草等草本植物和竹材等加工而成的
按处理方式分类	特硬质纤维板	经过增强剂或浸油处理的纤维板，强度和耐水性好，室内外均可使用
	普通硬质纤维板	没有经过特殊处理的纤维板
按表观密度分类	高密度纤维板	表观密度大于800kg/m^3
	中密度纤维板	表观密度为500～700kg/m^3
	低密度纤维板	表观密度小于400kg/m^3

中密度纤维板的主要特点和性能有：

1）内部结构均匀，密度适中，尺寸稳定性好，变形小；静曲强度、内结合强度、弹性模量、板面和板边握螺钉力等物理力学性能均优于刨花板。

2）表面平整光滑，便于二次加工，可粘贴旋切单板、刨切薄木、油漆纸、浸渍纸，也可直接进行油漆和印刷装饰。

3）中密度纤维板幅面较大，板厚在2.5～35mm范围内变化，可根据不同用途组织生产；机械加工性能好，锯截、钻孔、开榫、铣槽、砂光等加工性能类似木材，有的甚至优于木材。

4）容易雕刻及铣成各种型面、形状的家具零部件，加工成的异形边可不封边而直接进行油漆等涂饰处理；可在中密度纤维板生产过程中加入防水剂、防火剂、防腐剂等化学药剂，生产特种用途的中密度纤维板。

（2）纤维板的品种与价格见表2–12。

表2–12 纤维板的参考价格

产品名称	品牌	规格/mm	参考价格/(元/张)
澳杉中密度板	澳杉	2440×1220×2.5	42.00
澳杉中密度板	澳杉	2440×1220×3	47.00
澳杉中密度板	澳杉	2440×1220×4.5	65.00

（续）

产品名称	品牌	规格/mm	参考价格/(元/张)
澳杉中密度板	澳杉	2440×1220×9	105.00
澳杉中密度板	澳杉	2440×1220×12	130.00
澳杉中密度板	澳杉	2440×1220×15	160.00
澳杉中密度板	澳杉	2440×1220×18	200.00
富利达灰麻双面密度板	富利达	2440×1220×12	125.00
富利达白平双面密度板	富利达	2440×1220×12	118.00
富利达黑胡桃麻双面密度板	富利达	2440×1220×12	120.00
富利达红樱桃麻双面密度板	富利达	2440×1220×12	120.00
伯思莱樱桃木双面密度板	伯思莱	2440×1220×18	112.00
伯思莱白色中密度板	伯思莱	2440×1220×18	103.00

图2–42　板面平整、光滑

（3）纤维板的挑选。

1）纤维板应厚度均匀，板面平整、光滑，没有污渍、水渍、粘迹。四周板面细密、结实、不起毛边（图2–42）。

2）注意吸水厚度膨胀率。如不合格将使纤维板在使用中出现受潮变形甚至松脱等现象，使其抵抗受潮变形的能力减弱。

3）用手敲击板面，声音清脆悦耳，均匀的纤维板质量较好。声音发闷，则可能发生了散胶问题。

4）注意甲醛释放量。纤维板生产中普遍使用的胶粘剂是以甲醛为原料生产的，这种胶粘剂中总会残留有反应不完全的游离甲醛，这就是纤维板产品中甲醛释放的主要来源。甲醛对人体黏膜，特别是呼吸系统具有强刺激性，会影响人体健康。

5）找一颗钉子在纤维板上钉几下，看其握钉力如何，如果握钉力不好，在使用中会出现结构松脱等现象。

6）拿一块纤维板的样板，用手用力掰或用脚踩，以此来检验纤维板的承载受力和抵抗受力变形的能力。

图2-43　防火板

4. 防火板

防火板又称耐火板，是由表层纸、色纸、多层牛皮纸构成的，基材是刨花板。表层纸与色纸经过三聚氰胺树脂成分浸染，经干燥后叠合在一起，在热压机中通过高温高压制成。使防火板具有耐磨、耐划等物理性能。多层牛皮纸使耐火板具有良好的抗冲击性、柔韧性（图2-43）。

所谓的防火板并不是厚厚的一张木板，而只是一张贴面，薄薄的一层而已。防火板多以中密度板、刨花板、细木工板等材料作为基材，表面采用平面加压、加温、粘贴工艺帖覆防火材料。其防污、防刮伤、防烫、防酸碱性能都较高，与天然石相比，防火板更具弹性，不会因重击而产生裂缝，其维护和保养十分简单。但拼接的部位不好处理，易受潮，如使用不当会脱胶、膨胀变形，在设计上有局限性。

（1）防火板的种类： 防火板图案、花色丰富多彩，有彩色素面、彩色彩纹、仿木纹、仿石纹、仿皮纹等多种，表面多数为光面，也有呈麻纹状、雕状或亚光面。一般型材规格为（长×宽）2440mm×1220mm，厚度为0.6mm、0.8mm、1.0mm、1.2mm不等，少数纹理色泽较好的品种多在0.8mm以上（图2-44）。

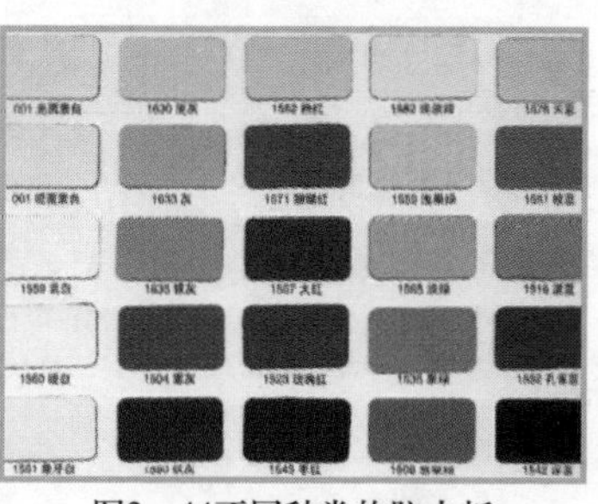

图2－44不同种类的防火板

（2）防火板的品种与价格见表2-13。

表2-13　防火板的参考价格

产品名称	品牌	产地	规格/mm	参考价格
中密度澳柏防火板	澳柏	湖北	2440×1220×5	75.00元/张
中密度澳柏防火板	澳柏	湖北	2440×1220×6	85.00元/张
中密度澳柏防火板	澳柏	湖北	2440×1220×8	115.00元/张

（续）

产品名称	品牌	产地	规格/mm	参考价格
中密度澳柏防火板	澳柏	湖北	2440×1220×10	145.00元/张
多宝GM防火板	多宝	宁波	2440×1220×3	30.00元/m²
多宝GM防火板	多宝	宁波	2440×1220×4	38.00元/m²
多宝GM防火板	多宝	宁波	2440×1220×6	55.00元/m²
多宝GM防火板	多宝	宁波	2440×1220×9	68.00元/m²
多宝GM防火板	多宝	宁波	2440×1220×12	80.00元/m²
大信防火板	大信	韩国	2440×1220×6	130.00元/张

（3）**防火板的挑选：**对于劣质防火板，一般具有以下几种特征：色泽不均匀、易碎裂爆口、花色简单，另外，它的耐热、耐酸碱度、耐磨程度也相应较差。在选购时，还应注意不要被商家欺骗，以三聚氰胺板代替成防火板，三聚氰胺板（俗称双饰面板）是一次成形板。这种板材就是把印有色彩或仿木纹的纸，在三聚氰胺透明树脂中浸泡之后，贴于基材表面热压而成。

一般来说防火板的耐磨、防刮伤等性能要好于三聚氰胺板，且三聚氰胺板价格上要低于防火板。两者因厚度、结构的不同，导致性能上有明显的差别。所以在使用中两者是不能相互替代的。目前防火板材是市场价在40～300元/张之间。

5．隔墙材料的施工要点

（1）如沿地龙骨安装在踢脚板上，应等踢脚板养护到期达到设计强度后，在其上弹出中心线和边线。其地龙骨固定，如已预埋木砖，则将地龙骨用木螺钉钉结在木砖上。如无预埋件，则用射钉进行固结，或先钻孔后用膨胀螺栓进行连接固定。

（2）对于隔墙墙体内需穿电线时，竖龙骨制品一般设有穿线孔，电线及其PVC管通过竖龙骨上H形切口穿插。同时，装上配套的塑料接线盒以及用龙骨装置成配电箱等。墙体内要求填塞保温绝缘材料时，可在竖龙骨上用镀锌钢丝绑扎或用胶粘剂、钉件和垫片等固定保温材料（图2–45）。

图2–45　隔墙墙体内穿线

(3) 对于隔墙骨架的特别部位，可使用附加龙骨或扣盒子加强龙骨，按照设计图来安装固定。装饰性木质门框，一般用自攻螺钉与洞口处竖龙骨固定，门框横梁与横龙骨以同样的方法连接。

6. 隔墙材料使用的注意事项

(1) 隔墙所用龙骨、配件、墙面板、填充材料及嵌缝材料的品种、规格、性能和技术、木材含水率应符合设计要求。

(2) 隔墙表面应平整光滑、色泽一致、洁净、无裂缝，接缝应均匀、顺直。

(3) 隔墙工程边框龙骨必须与基体结构连接牢固，并应平整、垂直、位置正确。

五、装饰饰面板

1. 薄木贴面板

薄木贴面板（市场上称为装饰饰面板）是胶合板的一种，是新型的高级装饰材料，利用珍贵木料如紫檀木、花樟、楠木、柚木、水曲柳、榉木、胡桃木、影木等通过精密刨切制成厚度为0.2～0.5mm的微薄木片，再以胶合板为基层，采用先进的胶粘剂和黏结工艺制成（图2–46）。

图2–46 薄木贴面板

(1) 薄木贴面板的分类：适于制造薄木的树种很多，一般要求结构均匀，纹理通直、细致，能在径切或弦切面形成美丽的木纹。有的为了要特殊花纹而选用树木根段树瘤多的树种。要易于进行切削、胶合和涂饰等加工。

常用的国产树种有水曲柳、桦木、椴木、樟木、酸枣、苦楝、梓木、拟赤杨、绿楠、龙楠、榉木等。进口的树种有柚木、花梨木、桃花心木、枫木、榉木、橡木等。

常用饰面板的特点：

1）水曲柳：水曲柳饰面板又分直纹曲柳和大花曲柳两种。直纹曲柳，就

图2-47 水曲柳

是水曲柳的纹路是一排排垂直排列的，大花曲柳也就是我们通常见到的纹路，像水波纹一样，有流动感。水曲柳纹路复杂，颜色显黄显黑，价格偏低，市场上一张水曲柳饰面板的价格一般在30元左右，如运用得当，处理得法，也不失为一种实用的装饰板材的选择（图2-47）。

图2-48 红榉木

2）红榉木：红榉木饰面板的表面没有明显的纹理，只有一些细小的针尖状小点。红榉木的颜色一般偏红，纹理轻细、颜色统一，并且视觉效果好，价格适中，一张红榉木饰面板的价格在40元左右，顺应了人们追求简洁、明快、舒适的装修理念（图2-48）。

图2-49 白榉木

3）橡木、枫木和白榉木：橡木饰面板纹路比枫木饰面板的纹路小，枫木的纹路和水曲柳的纹路相近；白榉木饰面板和红榉木饰面板纹路一样，只不过颜色发白，基本上和橡木饰面板、枫木饰面板一样。但是与这三种饰面板相配的实木线条相当难找，一般多用白木线条或漂白后的水曲柳线条来为这些饰面板收边（图2-49）。

（2）薄木贴面板的品种与价格见表2-14。

表2-14 薄木贴面板的参考价格

产品名称	品牌	规格/mm	参考价格/（元/张）
通力精选红胡桃木饰面板	通力	2440×1220×3	90.00
通力精选山纹南美樱桃木饰面板	通力	2440×1220×3.6	105.00
通力精选山纹水曲柳饰面板	通力	2440×1220×3	78.00

（续）

产品名称	品牌	规格/mm	参考价格/（元/张）
通力精选泰柚皇饰面板	通力	2440×1220×3.6	150.00
通力精选直纹白橡饰面板	通力	2440×1220×3	98.00
通力精选红橡直纹饰面板	通力	2440×1220×3	88.00
通力精选铁刀木饰面板	通力	2440×1220×3	120.00
通力精选泰柚饰面板	通力	2440×1220×3	110.00
通力精选花梨饰面板	通力	2440×1220×3	78.00
君子兰红橡环保饰面板	君子兰	2440×1220×3	92.00
兔宝宝Eo级沙比利饰面板	兔宝宝	2440×1220×3	105.00
兔宝宝环保红橡直纹饰面板	兔宝宝	2440×1220×3	100.00
兔宝宝Eo级泰柚装饰板	兔宝宝	2440×1220×3	160.00
兔宝宝Eo级黑胡桃直纹装饰板	兔宝宝	2440×1220×3	150.00
兔宝宝Eo级红樱桃直纹装饰板	兔宝宝	2440×1220×3	120.00
兔宝宝环保白胡桃装饰板	兔宝宝	2440×1220×3	87.00
兔宝宝环保黑檀木饰面板	兔宝宝	2440×1220×3.6	290.00
兔宝宝环保铁刀木饰面板	兔宝宝	2440×1220×3.6	240.00
兔宝宝环保厚皮枫木雀眼饰面板	兔宝宝	2440×1220×3.6	390.00
兔宝宝环保白影饰面板	兔宝宝	2440×1220×3.6	365.00
兔宝宝环保厚皮美国花纹樱桃饰面板	兔宝宝	2440×1220×3.6	160.00
兔宝宝环保厚皮花纹黑胡桃饰面板	兔宝宝	2440×1220×3.6	155.00
金马牌红直榉饰面板	金马	2440×1220×3	110.00
金马牌白直榉饰面板	金马	2440×1220×3	120.00

（续）

产品名称	品牌	规格/mm	参考价格/（元/张）
袋鼠红榉饰面板	袋鼠	2440×1220×3	85.00
袋鼠白榉饰面板	袋鼠	2440×1220×3	98.00

（3）**薄木贴面板的挑选：**市场上所销售的薄木贴面板一般分为天然板和科技板两种。天然板的饰面材料为优质天然木皮，价格较高；而科技板为机械印刷品，价格较低。在选购时，应注意以下几点。

1）观察贴面（表皮），看贴面的厚薄程度，越厚的性能越好，油漆后实木感越真、纹理也越清晰、色泽鲜明饱和度好。

2）天然板和科技板的区别：前者为天然木质花纹，纹理图案自然变异性比较大、无规则；而后者的纹理基本为通直纹理，纹理图案有规则。

图2–50　色泽清晰、木纹美观

3）装饰性要好，其外观应有较好的美感，材质应细致均匀、色泽清晰、木色相近、木纹美观（图2–50）。

4）表面应无明显瑕疵，其表面光洁，无毛刺沟痕和刨刀痕；应无透胶现象和板面污染现象；表面有裂纹裂缝，节子、夹皮，树脂囊和树胶道的尽量不要选择。

5）无开胶现象，胶层结构稳定。要注意表面单板与基材之间、基材内部各层之间不能出现鼓包、分层现象。

6）要选择甲醛释放量低的板材。可用鼻子闻，气味越大，说明甲醛释放量越高，污染越厉害，危害性越大。

7）应购买有明确厂名、厂址、商标的产品，并向商家索取检测报告和质量检验合格证等文件。

2. 铝塑板

铝塑复合板（又称铝塑板）是由多层材料复合而成，上下层为高纯度铝合金板，中间为低密度聚乙烯芯板，并与胶粘剂复合为一体的轻型墙面装饰材料（图2–51）。

图2–51　铝塑板

（1）铝塑板的种类：铝塑板易于加工成型。具有耐候、耐蚀、耐冲击、防火、防潮、隔热、隔声、抗震等特点。它能缩短工期、降低成本。可以切割、裁切、开槽、带锯、钻孔、加工埋头，也可以冷弯、冷折、冷轧，还可以铆接、螺钉连接或胶合粘接等。其外部经过特种工艺喷涂塑料，色彩艳丽丰富，长期使用不褪色、不变形，尤其是防水性能较好（图2–52）。

图2–52 不同种类的铝塑板

铝塑板规格为2440mm×1220mm，分为单面和双面两种，单面较双面价格低，单面铝塑板的厚度一般为3mm、4mm，双面铝塑板的厚度为6mm、8mm。

（2）铝塑板的品种与价格见表2–15。

表2–15　铝塑板的参考价格

产品名称	品牌	规格/mm	铝板层厚度/mm	参考价格/（元/张）
吉祥歌铝塑板	吉祥歌	2440×1220×3	0.08	85.00
吉祥歌铝塑板	吉祥歌	2440×1220×3	0.10	115.00
吉祥歌铝塑板	吉祥歌	2440×1220×3	0.12	130.00
吉祥歌铝塑板	吉祥歌	2440×1220×3	0.15	145.00
吉祥歌铝塑板	吉祥歌	2440×1220×3	0.18	160.00
远宏铝塑板	远宏	2440×1220×3	0.08	110.00
远宏铝塑板	远宏	2440×1220×3	0.10	120.00
远宏铝塑板	远宏	2440×1220×3	0.12	135.00
远宏铝塑板	远宏	2440×1220×3	0.15	150.00
远宏铝塑板	远宏	2440×1220×3	0.18	170.00
远宏铝塑板	远宏	2440×1220×3	0.21	190.00
远宏铝塑板	远宏	2440×1220×3	0.25	200.00

（续）

产品名称	品牌	规格/mm	铝板层厚度/mm	参考价格/（元/张）
吉祥铝塑板	吉祥	2440×1220×3	0.08	95.00
吉祥铝塑板	吉祥	2440×1220×3	0.10	110.00
吉祥铝塑板	吉祥	2440×1220×3	0.12	125.00
吉祥铝塑板	吉祥	2440×1220×3	0.15	145.00
吉祥铝塑板	吉祥	2440×1220×3	0.18	160.00
吉祥铝塑板	吉祥	2440×1220×3	0.21	175.00
吉祥铝塑板	吉祥	2440×1220×3	0.25	195.00
远宏铝塑板	远宏	2440×1220×4	0.12	170.00
远宏铝塑板	远宏	2440×1220×4	0.15	180.00
远宏铝塑板	远宏	2440×1220×4	0.18	190.00
远宏铝塑板	远宏	2440×1220×4	0.21	200.00
远宏铝塑板	远宏	2440×1220×4	0.25	210.00
吉祥歌铝塑板	吉祥歌	2440×1220×4	0.12	155.00
吉祥歌铝塑板	吉祥歌	2440×1220×4	0.15	160.00
吉祥歌铝塑板	吉祥歌	2440×1220×4	0.18	175.00
吉祥歌铝塑板	吉祥歌	2440×1220×4	0.21	185.00
吉祥歌铝塑板	吉祥歌	2440×1220×4	0.25	195.00
吉祥铝塑板	吉祥	2440×1220×4	0.12	150.00
吉祥铝塑板	吉祥	2440×1220×4	0.15	165.00
吉祥铝塑板	吉祥	2440×1220×4	0.18	185.00
吉祥铝塑板	吉祥	2440×1220×4	0.21	200.00
吉祥铝塑板	吉祥	2440×1220×4	0.25	210.00

（3）**铝塑板的挑选**：市场上的铝塑板质量不等，差价很大，从每张60～200元都有，容易上当受骗。在选购时应注意以下几点。

1）看其厚度是否达到要求，必要时可使用游标卡尺测量一下。还应准备一块磁铁，检验一下所选的板材是铁还是铝。

2）看铝塑板的表面是否平整光滑、无波纹、鼓泡、庇点、划痕。

3）随意掰下铝塑板的一角，如果易断裂，说明不是PE材料或掺杂假冒伪劣材料；然后可用随身携带的打火机烧一下，如果真正的PE应可以完全燃烧，掺杂假冒伪劣材料的燃烧后有杂质。

4）拿两块铝塑板样板相互划擦几下，看是否掉漆。表面喷漆质量好的铝塑板采用进口热压喷涂工艺，漆膜颜色均匀，附着力强，划擦后不易脱漆。

3．饰面板的施工要点

木墙身的结构一般情况下采用25mm×30mm的木方。先将木方排放在一起刷防火涂料及防腐涂料，然后分别加工出凹槽榫，在地面上进行拼装成木龙骨架。其方格网规格通常是300mm×300mm或400mm×400mm。对于面积较小的木墙身，可在拼成木龙骨架后直接安装上墙；对于面积较大的木墙身，则需要分几片分别安装上墙。

按照设计图样饰面板按尺寸裁割、刨边。用15mm枪钉将饰面板固定在木龙骨架上。如果用铁钉则应使钉头砸扁埋入板内1mm。且要布钉均匀，间距在100mm左右。

4．饰面板使用的注意事项

饰面板的嵌缝应密实、平直，宽度和深度应符合设计要求，嵌填材料色泽应一致。在饰面板安装前，要认真进行预排板，非整板不得放在显要位置。横竖向排板时，门窗洞口两侧应排整板。套割要整齐，不得有毛茬、破边等缺陷存在。

六、墙面开关面板

图2－53 开关面板

在室内装饰装修中，开关插座往往被认为是不重要的一个环节，而事实却相反。开关插座虽然是室内装饰装修中很小的一个五金件，但却关系到室内日常生活、工作的安全问题。从装饰功能看，高品质开关的造型、光色等有其独特的美观性，也就变成了墙身空间中美化的点睛之处（图2–53）。

1．开关面板的分类

目前市场中的开关插座种类繁多，造型新颖，下面列举一些与开关插座相关的一些常用种类及术语（表2–16）。

表2–16　常用种类及术语

专业术语	通俗解释
多位开关（图2–54）	几个开关并列，各自控制各自的灯。也就叫双联、三联，或一开、四开等
双控开关	两个开关在不同位置可控制同一盏灯
夜光开关	开关上带有荧光或微光指示灯，便于夜间寻找位置
调光开关	可以开关并可通过旋钮调节灯光强弱
10A	满足家庭内普通电器用电限额
16A	满足家庭内空调或其他大功率电器
插座带开关（图2–55）	可以控制插座通断电；也可以单独作为开关使用
边框、面板	组装式开关插座，可以调换颜色，拆装方便
白板	用来封闭墙上预留的查线盒，或弃用的墙孔
暗盒	安装于墙体内，走线前都要预埋
146型	宽是普通开关插座的两倍，如有些四位开关、十孔插座等
多功能插座	可以兼容老式的圆脚插头、方脚插头等
专用插座	英式方孔、欧式圆脚、美式电话插座、带接地插座等
特殊开关	遥控开关、声光控开关、遥感开关等
信息插座（图2－56）	指电话、计算机、电视插座
宽频电视插座	（5−1000MHZ）适应个别小区宽频有线电视信号
TV—FM插座	功能与电视插座一样，多出的调频广播功能用得很少
串接式电视插座	电视插座面板后带一路或多路电视信号分配器

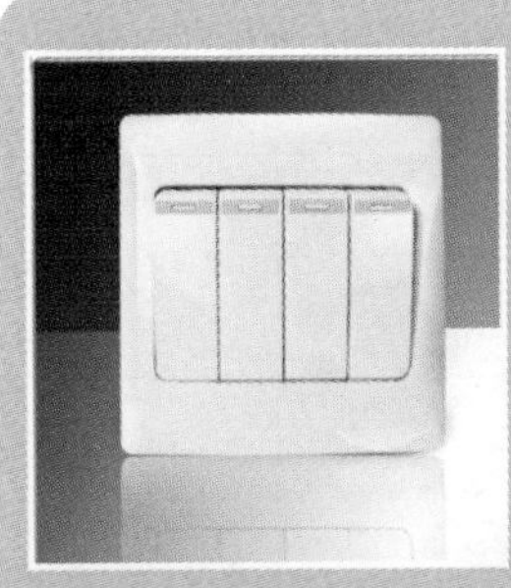

图2–54　多位开关

图2–55　插座带开关

图2–56　信息插座

2. 开关面板的品种与价格（表2–17）

表2–17　开关面板的参考价格

产品名称	品牌	规格型号	材质	参考价格/（元/个）
梅兰日兰L86系列一位双控大跷板开关	梅兰日兰	L210/2WBBHB	进口PC	36.20
梅兰日兰L86系列二位双控大跷板开关	梅兰日兰	L220/2WBBHB	进口PC	42.50
梅兰日兰L86系列三位双控大跷板开关	梅兰日兰	L230/2WBBHB	进口PC	57.50
梅兰日兰U86系列四位单控开关	梅兰日兰	U140/1W	进口PC	42.50
西门子灵致一位双控荧光开关	西门子	5TA0834–3NC3	PC材料	28.20
西门子灵致二位双控荧光开关	西门子	5TA0864–3NC3	PC材料	36.50
西门子灵致三位双控荧光开关	西门子	5TA0894–3NC3	PC材料	47.20
西门子灵致四位单控荧光开关	西门子	5TA0782–2NC2	PC材料	52.50
松下纯86系列一位双控开关	松下	WMS502	塑料	17.20
松下纯86系列二位双控开关	松下	WMS504	塑料	27.50

（续）

产品名称	品牌	规格型号	材质	参考价格/（元/个）
松下纯86系列三位双控开关	松下	WMS506	塑料	32.80
松下宏彩系列四联单控开关	松下	WF577	塑料	73.50
朗能NB18一位单极大跷板开关	朗能	NB181Q/1-B	PC塑料+A66尼龙	24.50
朗能NB18二位单极大跷板开关	朗能	NB182Q/1-B	PC塑料+A66尼龙	34.60
朗能NB18三位单极大跷板开关	朗能	NB183Q/1-B	PC塑料+A66尼龙	46.00
朗能NB18四位单极大跷板开关	朗能	NB184Q/1-B	PC塑料+A66尼龙	59.50
TCL A6一位双控荧光开关	TCL	A6/31/2/3BY	PC塑料	24.20
TCL A6二位双控荧光开关	TCL	A6/32/2/3CY	PC塑料	29.50
TCL A6三位双控荧光开关	TCL	A6/33/1/2AY	PC塑料	39.30
TCL A6系列四位单极带荧光小按钮开关	TCL	A6/34/1/2DY	PC塑料	40.00
西蒙59系列单开带荧光开关	西蒙	59013Y	PC塑料	23.20

（续）

产品名称	品牌	规格型号	材质	参考价格/（元/个）
西蒙59系列双开带荧光开关	西蒙	59023Y	PC塑料	35.20
西蒙59系列三开带荧光开关	西蒙	59033Y	PC塑料	48.20
西蒙欧式60系列四位单极开关	西蒙	60174-60	PC塑料	66.80
罗格朗美特系列单联单控大翘板开关	罗格朗	6146-20	聚碳酸酯	13.50
罗格朗美特系列双联双控带指示灯开关	罗格朗	6146-43	聚碳酸酯	36.20
罗格朗美特系列三联双控带指示灯开关	罗格朗	6146-45	聚碳酸酯	48.50
罗格朗美特系列四联单控开关	罗格朗	6145-06	聚碳酸酯	43.50

3．开关面板的挑选

在选购时应注意以下几点：

（1）外观：开关的款式、颜色应该与室内的整体风格相吻合。

（2）手感：品质好的开关大多使用防弹胶等高级材料制成，防火性能、防潮性能、防撞击性能等都较高，表面光滑。好的开关插座的面板要求无气泡、无划痕、无污迹。开关拨动的手感轻巧而不紧涩，插座的插孔需装有保护门，插头插拔应需要一定的力度并单脚无法插入。

（3）重量：铜片是开关插座最重要的部分，具有相当的重量。在购买时应掂量一下单个开关插座，如果是合金的或者薄的铜片，手感较轻，同时品质也很难保证。

（4）品牌：开关的质量关乎电器的正常使用，甚至生活、工作的安全。低档的开关插座使用时间短，需经常更换。知名品牌会向消费者进行有效承诺，如“质保12年”、“可连续开关10000次”等，所以建议消费者购买知名品牌的开关插座。

（5）注意开关、插座的底座上的标识。如国家强制性产品认证（CCC）、额定电流电压值；产品生产型号、日期等。

4、开关面板的施工要点

（1）设计布线时，执行强电走上，弱电在下，横平竖直。强、弱电穿管走线的时候不能交叉，要分开。一定要穿管走线，切不可在墙上或地下开槽后明铺电线之后，用水泥封堵了事，这样会给以后的故障检修带来麻烦。

（2）电源线与通信线不得穿入同一根管内。电源线及插座与电视线及插座的水平间距不应小于500mm。电线与暖气、热水、煤气管之间的平行距离不应小于300mm，交叉距离不应小于100mm。

（3）电源线所用导线截面积应满足用电设备的最大输出功率。一般情况，照明1.5mm^2，空调挂机及插座2.5mm^2，柜机4.0mm^2，进户线10.0mm^2。

第3章 地面材料

一、地板

1. 实木地板

实木地板（又称原木地板）是采用天然木材，经加工处理后制成条板或块状的地面铺设材料。基本保持了原料自然的花纹，脚感舒适、使用安全是其主要特点，且具有良好的保温、隔热、隔声、吸声、绝缘性能。缺点是干燥要求较高，不宜在湿度变化较大的地方使用，否则易发生胀、缩变形（图3–1）。

图3–1　实木地板

（1）实木地板的种类：实木地板所选用的树材应该是比较耐磨、耐腐、耐湿的木材。如杉木、杨木、柳木、椴木等不能用作地板；而铁杉、柏木、桦木、槭木、楸木、榆木等用作普通地板；槐木、核桃木、檀木、水曲柳等用作高档地板。木地板具有自重轻、弹性好、热导率小、构造简单、施工方便等优点，而且木材中带有可抵御细菌、稳定神经的挥发性物质，是理想的室内地面装饰材料。

图3–2　红檀

下面介绍几种目前在市场上销售较好的实木地板品种：

1）红檀：红檀是商用名，学名“铁线子”，产地南美居多。由于其木材纹络较细腻，可减少拼花色及纹络的损耗，所以比较适合大面积的运用，但由于颜色偏红，所以在家具的搭配上有一些难度。红檀本身木质较硬，弹性较好，但收缩性较差，所以建议使用免漆地板，在施工过程中，注意不要损坏地板，因为受损变形后很难恢复（图3–2）。

2）芸香：芸香又名“巴福芸香”或“德鲁达茹”，产地印尼。芸香地板木质坚硬，花纹细腻，纹络简单，不论是漆板还是素板，铺后的整体感都很好。

3）甘巴豆：商用名是康帕斯，由于此木种的产地较多，导致其品质也各不相同。通常情况下以价格来判定此木种的优劣（图3–3）。

图3–3　甘巴豆

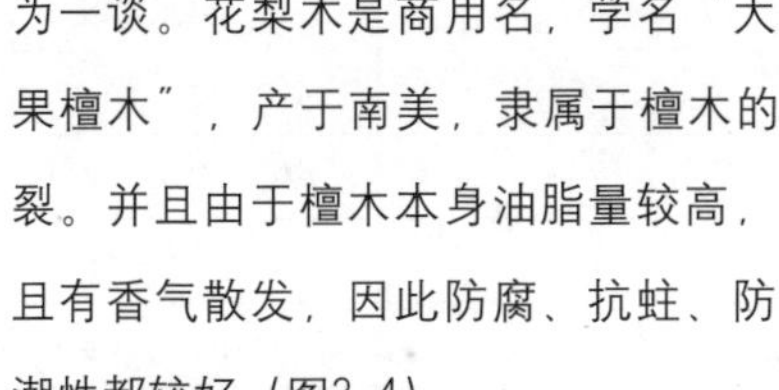

4）花梨木：地板所用的花梨木并不是家具所用的木种，两者不可混为一谈。花梨木是商用名，学名“大果檀木”，产于南美，隶属于檀木的一种。其本身的木质较为稳定，不易干裂。并且由于檀木本身油脂量较高，且有香气散发，因此防腐、抗蛀、防潮性都较好（图3–4）。

图3–4　花梨木

5）紫檀木：紫檀木种产于东印尼半岛及马来西亚，学名“蚁木”。因其木材新者色彩殷红，老者呈紫，质地坚实细密，入水则沉，耐久力强，具有光泽美丽的花纹与条纹，是比较高档的地板材料。

6）黄檀木：黄檀木属于檀木的一种，其学名为“厚果榄”，产于南美。与其他檀木的区别在于黄檀本身木质花纹分直纹和山纹两种，而其他木质特性则与其他檀木无过多区别。

7）白象牙和金象牙：白象牙是商用名，学名“巴福芸”，产于南美。白象牙木地板的花纹较细，纹络简单，油漆后颜色比芸香颜色白，表现为黄中带白的感觉，整体感与单板感觉很不错；金象牙是商用名，学名“塔比紫威”，同样产于南美，金象牙木地板与白象牙类似，但其地板表面多为明直纹，并且颜色偏明黄。

（2）实木地板的品种与价格（表3–1）

表3–1　实木地板的参考价格

产品名称	品牌	规格/mm	参考价格
澳洲桉木实木地板	久盛	910×125×18	292.50元/m^2
铁线子木实木地板	久盛	910×120×18	305.40元/m^2
橡木实木地板	久盛	910×125×18	291.30元/m^2
海棠木实木地板	久盛	910×122×18	221.90元/m^2
落腺豆实木地板	泛美	1200×126×18	331.80元/m^2
班纹漆木实木地板	泛美	1200×126×18	336.70元/m^2
圭巴卫矛木实木地板	泛美	1200×126×18	620.50元/m^2
柚木实木地板	安信	909×95×18	481.30元/m^2
香脂木豆实木地板	安信	758×150×18	475.90元/m^2
铁苏木实木地板	安信	758×125×18	265.90元/m^2
榄仁木实木地板	安信	909×122×18	225.30元/m^2
柚木实木地板	保得利	910×123×18	392.80元/m^2
印茄木实木地板	保得利	760×123×18	235.40元/m^2
甘巴豆实木地板	保得利	910×123×18	198.60元/m^2
缅甸柚木指接实木地板	保得利	1200×150×17	335.20元/m^2
亚花梨木实木地板	保得利	910×95×18	360.80元/m^2
甘巴豆实木地板	双福	900×123×18	210.50元/m^2
相思木实木地板	双福	910×123×18	229.80元/m^2
番龙眼实木地板	双福	910×122×18	203.70元/m^2
柚木实木地板	双福	1210×122×18	510.80元/m^2
柚木实木地板	大自然	910×92×18	485.60元/m^2
番樱桃实木地板	大自然	910×123×18	295.40元/m^2
鲍迪豆实木地板	大自然	910×123×18	335.30元/m^2
蒜果木实木地板	大自然	910×123×18	185.20元/m^2

（3）实木地板的挑选

1）挑选板面、漆面质量：选购时关键看漆膜光洁度，无气泡、漏漆以及耐磨度等。

2）检查基材的缺陷：看地板是否有死节、活节、开裂、腐朽、菌变等缺陷。由于木地板是天然木制品，客观上存在色差和花纹不均匀的现象。如若过分追求地板无色差，是不现实的，只要在铺装时稍加调整即可（图 3–5）。

图 3–5 基材无缺陷

3）识别木地板材种：有的厂家为促进销售，将木材冠以各式各样不符合木材学的美名，如樱桃木、花梨木、金不换、玉檀香等名称；更有甚者，以低档充高档木材，消费者一定不要为名称所惑，弄清材质，以免上当。

4）观测木地板的精度：一般木地板开箱后可取出10块左右徒手拼装，观察企口咬合、拼装间隙、相邻板间高度差。若严格合缝，手感无明显高度差即可。

5）确定合适的长度、宽度：实木地板并非越长越宽越好，建议选择中短长度地板，不易变形；长度、宽度过大的木地板相对容易变形。

6）测量地板的含水率：国家标准规定木地板的含水率为8%～13%，我国不同地区含水率要求均不同。一般木地板的经销商应有含水率测定仪，如无则说明对含水率这项技术指标不重视。购买时先测展厅中选定的木地板含水率，然后再测未开包装的同材种、同规格的木地板的含水率，如果相差在2%以内，可认为合格。

7）确定地板的强度：一般来讲，木材密度越高，强度也越大，质量越好，价格当然也越高。但不是家庭中所有空间都需要高强度的地板的。如客厅、餐厅等人流活动大的空间可选择强度高的品种，如巴西柚木、杉木等；而卧室则可选择强度相对低些的品种，如水曲柳、红橡、山毛榉等。老人住的房间可选择强度一般，却十分柔和温暖的柳桉、西南桦等。

8）注意销售服务：最好去品牌信誉好、美誉度高的企业购买，除了质量有保证之外，正规企业都对产品有一定的保修期，凡在保修期内发生的翘曲、变形、干裂等问题，厂家负责修换，可免去消费者的后顾之忧。

9）在购买时应多买一些作为备用，一般20m^2房间材料损耗在1m^2左右，所以在购买实木地板时，不能按实际面积购买，以防止日后地板的搭配出现色差等问题。

10）在铺设时，一定要按照工序施工，购买哪一家地板就请哪一家铺设，以免生产企业和装修企业互相推脱责任，造成不必要的经济损失和精神负担。

11）值得注意的是，柚木多产于印尼、缅甸、泰国、南美等地，由于柚木本身木质很硬，不易于变形，故使用较多。

2. 实木复合地板

实木复合地板具有天然木质感、容易安装维护、防腐防潮、抗菌且适用于电热等优点。其表层为优质珍贵木材，不但保留了实木地板木纹优美、自然的特性，而且大大节约了优质珍贵木材的资源。其表面大多涂以五层以上的优质UV涂料，不仅有较理想的硬度、耐磨性、抗刮性，而且阻燃、光滑，便于清洁。芯层大多采用廉价的材料，成本要低于实木地板很多，其弹性、保暖性等也完全不亚于实木地板（图3–6）。

图3–6 实木复合地板

(1) 实木复合地板的分类：实木复合地板分为三层实木复合地板和多层实木复合地板，而家庭装修中常用的是三层实木复合地板。

三层实木复合地板是由三层实木单板交错层压而成，其表层为优质阔叶材规格板条镶拼板，树种多用柞木、榉木、桦木、水曲柳等；芯层由普通软杂规格木板条组成，树种多用松木、杨木等；底层为旋切单板，树种多用杨木、桦木、松木等（图3–7）。

图3–7 三层实木复合地板

多层实木复合地板是以多层胶合板为基材，以规格硬木薄片镶拼板或单板为面板，层压而成。

（2）实木复合地板的品种与价格见表3–2。

表3－2　实木复合地板的参考价格

产品名称	品牌	规格/mm	参考价格/(元/m²)
圣象仿橡木实木复合地板	圣象	2200×189×15	302.00
圣象仿古夷木实木多层地板	圣象	910×125×15	255.00
圣象仿斑马木实木多层地板	圣象	910×125×15	268.00
圣象仿金丝柚木实木多层地板	圣象	910×125×15	269.50
圣象仿泰柚实木多层地板	圣象	910×125×15	269.50
韦伦南美白象牙实木复合地板	韦伦	900×126×15	195.00
韦伦北美黑胡桃实木复合地板	韦伦	900×126×15	196.00
韦伦加拿大枫木实木复合地板	韦伦	900×126×13	186.00
韦伦红檀香实木复合地板	韦伦	900×126×13	183.00
韦伦橡木实木复合地板	韦伦	900×126×13	184.00
雅舍柞木实木复合地板	雅舍	910×125×15	192.00
雅舍美国樱桃实木复合地板	雅舍	910×125×15	198.00
雅舍非洲红檀实木复合地板	雅舍	910×125×15	200.00
雅舍金花柚木豆实木复合地板	雅舍	910×125×15	202.00
雅舍黄芸香实木复合地板	雅舍	910×125×15	185.00
北美枫情香脂木豆实木复合地板	北美枫情	910×130×15	243.00
北美枫情亮光柞木实木复合地板	北美枫情	910×130×15	190.00
北美枫情斑马木实木复合地板	北美枫情	910×130×15	202.50
北美枫情柚木实木复合地板	北美枫情	910×130×12	210.00
北美枫情沙比利实木复合地板	北美枫情	1220×130×12	160.00

（3）实木复合地板的挑选

1）要注意实木复合地板各层的板材都应为实木，而不像强化复合地板以中密度板为基材，两者无论在质感上，还是价格上都有很大区别。

2）实木复合地板的木材表面不应有夹皮树脂囊、腐朽、死结、节孔、冲孔、裂缝和拼缝不严等缺陷；油漆应丰满，无针粒状气泡等漆膜缺陷；无压痕、刀痕等装饰单板加工缺陷。木材纹理和色泽应和谐、均匀，表面不应有明显的污斑和破损，周边的榫口或榫槽等应完整。

3）并不是板面越厚质量越好。三层实木复合地板的面板厚度以2～4mm为宜，多层实木复合地板的面板厚度以0.3～2.0mm为宜。

图3–8　根据居室环境、装饰风格来挑选

4）并不是名贵的树种性能才好。目前市场上销售的实木复合地板树种有几十种，不同树种价格、性能、材质都有差异，但并不是只有名贵的树种性能好，应根据自己的居室环境、装饰风格、个人喜好和经济实力等情况进行购买（图3–8）。

5）实木复合地板的价格高低主要是根据表层地板条的树种、花纹和色差来区分的。表层的树种材质越好，花纹越整齐，色差越小，价格越贵；反之，树种材质越差，色差越大，表面结疤越多，价格就越低。

6）购买时最好挑几块试拼一下，观察地板是否有高低差，较好的实木复合地板其规格尺寸的长、宽、厚应一致，试拼后，其榫、槽接合严密，手感平整，反之则会影响使用。同时也要注意看它的直角度、拼装离缝度等。

7）在购买时还应注意实木复合地板的含水率，因为含水率是地板变形的主要条件。可向销售商索取产品质量报告等相关文件进行查询。

8）由于实木复合地板需用胶来黏合，所以甲醛的含量也不应忽视，在购买时要注意挑选有环保标志的优质地板。可向销售商索取产品质量测试数据，因为我国国标已明确规定，采用穿孔萃取法测定，若小于40mg／100g为符合国家标准的产品。或者从包装箱中取出一块地板，用鼻子闻一闻，若闻到一股强烈刺鼻的气味，则证明空气中甲醛浓度已超过标准，要小心购买。

3. 强化复合地板

图3-9　强化复合地板

强化复合地板工序复杂，配材多样，具有耐磨、阻燃、防潮、防静电、防滑、耐压、易清理等特点；纹理整齐，色泽均匀，强度大，弹性好，脚感好等特征；避免了木材受气候变化而产生的变形、虫蛀、防潮及经常性保养等问题；质轻、规格统一，便于施工安装（无需龙骨），小地面不需胶接，通过板材本身槽榫胶接，直接铺在地面上，节省工时及费用；具有应用面广，且无需上漆打蜡，日常维修简单，使用成本低等优势，受到大多数人的喜爱（图3-9）。

（1）强化复合地板的种类：强化复合地板的规格长度为900～1500mm，宽度为180～350mm，厚度分别有6mm、8mm、12mm、15mm、18mm，其中厚度越高，价格越高。目前市场上售卖的强化复合地板以12mm居多。高档的强化复合地板还增加约2mm厚的天然软木，具有实木脚感，噪声小、弹性好。

图3-10　水晶面

从强化复合地板的特性上来分有水晶面、浮雕面、锁扣、静音、防水等几类。

1）水晶面：水晶面的地板表面基本上就是平面的，沟槽不明显，好打理（图3-10）。

2）浮雕面：浮雕面的地板用眼看或用手摸，表面有木纹状的花纹（图3-11）。

图3-11　浮雕面

3）锁扣：在地板的接缝处，采用锁扣形式，既控制地板的垂直位移，又控制地板的水平位移，比原来的榫槽式（企口地板）在技术上又有进一步提高。

4）静音：即在地板的背面加软木垫或其他类似软木作用的垫子，起到增加脚感、吸声、隔声的效果。

5）防水：在强化复合地板的企口处，涂上防水的树脂或其他防水材料，这样地板外部的水分潮气不容易侵入，内部的甲醛不容易释出，使得地板的环保性、使用寿命都得到明显提高。

（2）强化复合地板的品种与价格见表3–3。

表3–3　强化复合地板的参考价格

产品名称	品牌	规格/mm	参考价格/(元/m²)
瑞士卢森巴西利亚樱桃强化地板	卢森	1380×193×8	120.00
瑞士卢森郁金香橡木强化地板	卢森	1380×193×8	120.00
瑞士卢森栗子木强化地板	卢森	1380×193×8	120.00
瑞士卢森白色枫木强化地板	卢森	1380×193×8	122.00
瑞士卢森南加橡木强化地板	卢森	1380×193×8	161.00
圣象梦那卡罗胡桃强化地板	圣象	1285×195×8	128.00
圣象防潮乡村野枫木强化地板	圣象	1285×195×8	138.00
圣象防潮海牙橡木强化地板	圣象	1285×195×8	136.00
圣象防潮意大利胡桃木强化地板	圣象	1285×195×8	137.00
圣象环保爱琴海白松木强化地板	圣象	1285×195×8	102.00
君豪黄檀木仿实木强化地板	君豪	804×124×12	100.00
君豪两拼黑胡桃仿实木强化地板	君豪	804×124×12	88.00
君豪甘巴豆木仿实木强化地板	君豪	804×124×12	86.00
君豪红影木仿实木强化地板	君豪	804×124×12	102.00

（续）

产品名称	品牌	规格/mm	参考价格/（元/m²）
君豪红檀木仿实木强化地板	君豪	804×124×12	105.00
莱茵阳光亮系列强化地板	莱茵阳光	1285×191×9	101.00
莱茵阳光宙斯U形槽强化地板	莱茵阳光	1210×140×12	142.00
莱茵阳光虹之韵强化地板	莱茵阳光	800×125×12	90.00
莱茵阳光雕刻时光强化地板	莱茵阳光	1285×191×9	102.00
莱茵阳光林海物语强化地板	莱茵阳光	1210×141.5×12	156.00

（3）强化复合地板的挑选

1）检测耐磨转数：这是衡量强化复合地板质量的一项重要指标。一般而言耐磨转数越高，地板使用的时间越长。强化复合地板的耐磨转数达到1万转为优等品，不足1万转的产品，在使用1～3年后就可能出现不同程度的磨损现象。

图3–12　表面光洁无毛刺

2）观察表面质量是否光洁：强化复合木地板的表面一般有沟槽型、麻面型和光滑型三种，本身无优劣之分，但都要求表面光洁无毛刺（图3–12）。

3）注意吸水后膨胀率：此项指标在3%以内可视为合格，否则地板在遇到潮湿，或在湿度相对较高、周边密封不严的情况下，就会出现变形现象，影响正常使用。

4）注意甲醛含量：按照欧洲标准，每100g地板的甲醛含量不得超过9mg，如果超过9mg属不合格产品。

5）观察测量地板厚度：目前市场上地板的厚度一般在6～18mm，同价格范围内，选择时应以厚度厚些为好。厚度越厚，使用寿命也就相对越长，但同时要考虑家庭的实际需要。

6）观察企口的拼装效果：可拿两块地板的样板拼装一下，看拼装后企口是否整齐、严密，否则会影响使用效果及功能。

7）用手掂量地板重量：地板重量主要取决于其基材的密度。基材决定着地板的稳定性，以及抗冲击性等诸项指标，因此基材越好，密度越高，地板也就越重。

8）查看正规证书和检验报告：选择地板时一定要弄清商家有无相关证书和质量检验报告。如ISO9001国际质量认证证书、ISO14001国际环保认证证书，以及其他一些相关质量证书。

9）注重售后服务：强化复合地板一般需要专业安装人员使用专门工具进行安装，因此消费者一定要问清商家是否有专业安装队伍，以及能否提供正规保修证明书和保修卡。

4. 竹木地板

图3-13　竹木地板

竹木地板是采用适龄的竹木精制而成，地板无毒，牢固稳定，不开胶，不变形。经过脱去糖分，淀粉，脂肪，蛋白质等特殊无害处理后的竹材，具有超强的防虫蛀功能。地板的六面用优质进口耐磨漆密封，阻燃、耐磨、防霉变，其表面光洁柔和，几何尺寸好，品质稳定（图3-13）。

（1）竹木地板的应用：竹木地板的加工工艺与传统意义上的竹木制品不同，它是采用中上等竹材，经严格选材、制材、漂白、硫化、脱水、防虫、防腐等工序加工处理之后，再经高温、高压、胶合等工艺而制成的。铺设后不易开裂、扭曲、变形或起拱。但竹木地板强度高，硬度强，脚感不如实木地板舒适，外观也没有实木地板丰富多样。

竹地板突出的优点便是冬暖夏凉。竹子自身并不生凉防热，但由于热导率低，就会体现出这样的特性，让人无论在什么季节，都可以舒适地赤脚在上面行走，特别适合铺装在老人、小孩的卧室（图3–14）。

图3–14　铺装在卧室的竹木地板

竹木地板也有明显的不足。在使用中应注意竹木地板虽然经干燥处理，减少了尺寸的变化，但因其竹材是自然型材，所以它还会随气候的干湿度变化而发生变形。因此，室内需要通过人工手段来调节湿度或保持室内干燥，否则可能出现变形。

（2）竹木地板的品种与价格见表3–4。

表3–4　竹木地板的参考价格

产品名称	品牌	规格/mm	参考价格/(元/m²)
建玲亮光本色对节竹地板	建玲	930×130×18	186.00
建玲亚光本色对节竹地板	建玲	930×130×18	186.00
建玲亮光碳化对节竹地板	建玲	930×130×18	185.00
建玲碳化亚光竹地板	建玲	930×130×18	185.00
圣狼散节漂白色地板	圣狼	900×90×12	122.00
圣狼碳化侧压亚光竹地板	圣狼	1000×165×20	205.00
圣狼碳化平压亚光地板	圣狼	1000×165×20	203.00
圣狼碳化散结亚光竹地板	圣狼	960×122×18	152.00
圣狼碳化对节耐磨竹地板	圣狼	960×122×18	150.00

（3）竹木地板的挑选

1）观察竹木地板表面的漆上有无气泡，是否清新亮丽，竹节是否太黑，表面有无胶线，然后看四周有无裂缝，有无批灰痕迹，是否干净整洁等。

2）质量好的产品表面颜色应基本一致，清新而具有活力。比如本色竹材地板的标准色是金黄色，通体透亮。而碳化竹材地板的标准色是古铜色或褐红色，颜色均匀有光泽感。不论是本色，还是碳化色，其表层尽量有较多而致密的纤维管束分布，纹理清晰。就是说，表面应是刚好去掉竹青，紧挨着竹青的部分（图3–15）。

图3–15 颜色一致、纹理清晰

3）并不是说竹子的年龄越老越好，很多消费者认为年龄越大的竹材越成熟，用其做竹木地板肯定越结实。其实正好相反，最好的竹材年龄是4～6年的，4年以下太小没成材，竹质太嫩；年龄超过9年的竹子就老了，老毛竹皮太厚，使用起来较脆。

4）要注意竹木地板是否是六面淋漆，由于竹木地板是绿色自然产品，表面带有毛细孔，因存在吸潮概率而引发变形，所以必须将四周和底、表面全部封漆。

图3–16 胶合紧密

5）可用手拿起一块竹木地板，若拿在手中感觉较轻，说明采用的是嫩竹，若眼观其纹理模糊不清，说明此竹材不新鲜是较陈的竹材。其次，看地板结构是否对称平衡，可从竹地板的两端断面来判断其是否符合对称平衡原则，若符合，结构就稳定。最后看地板层与层间胶合是否紧密，可用两手掰，看其层与层间是否分层（图3–16）。

6）要选择有生产厂家，品牌、产品标准、检验等级、使用说明、售后服务等资料齐全的产品。如果资料齐全的话，说明此企业是具有一定规模的正规企业，一般不会出现质量问题。即使出现问题，消费者也有据可查。

5. 地板的施工要点

1）实铺地板要先安装地龙骨，然后再进行木地板的铺装。

2）龙骨的安装应先在地面做预埋件，以固定木龙骨，预埋件为螺栓及铅丝，预埋件间距为800mm，从地面钻孔下入（图3–17）。

图3–17 安装地龙骨

3）实铺实木地板应有基面板，基面板使用大芯板。

4）地板铺装完成后，先用刨子将表面刨平刨光，将地板表面清扫干净后涂刷地板漆，再进行抛光上蜡处理。

5）所有木地板运到施工安装现场后，应拆包在室内存放一个星期以上，使木地板与居室温度、湿度相适应后才能使用。

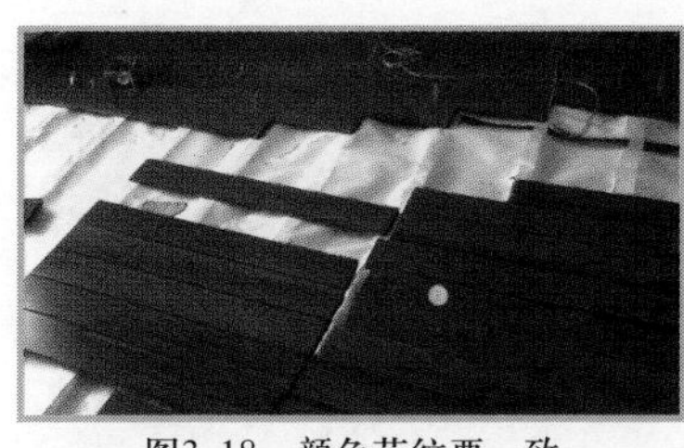

图3–18 颜色花纹要一致

6）木地板安装前应进行挑选，剔除有明显质量缺陷的不合格品。将颜色花纹一致的铺在同一房间，有轻微质量缺欠但不影响使用的，可摆放在床、柜等家具底部使用，同一房间的板厚必须一致。购买时应按实际铺装面积增加10%的损耗一次购买齐备（图3－18）。

7）铺装木地板的龙骨应使用松木、杉木等不易变形的树种，木龙骨、踢脚板背面均应进行防腐处理。

8）铺装实木地板应避免在大雨、阴雨等气候条件下施工。施工中最好能够保持室内温度、湿度的稳定。

9）同一房间的木地板应一次铺装完，因此要备有充足的辅料，并要及时做好成品保护，严防油渍、果汁等污染表面。安装时挤出的胶液要及时擦掉。

10）木地板粘贴式铺贴要确保水泥砂浆地面不起砂、不空裂，基层必须清理干净。

11）基层不平整应用水泥砂浆找平后再铺贴木地板。基层含水率不大于15%。

12）粘贴木地板涂胶时，要薄且均匀。相邻两块木地板高差不超过1mm。

6. 地板使用的注意事项

1）有空鼓响声的原因是固定不实所致，主要是毛板与龙骨、毛板与地板钉子数量少或钉得不牢，有时是由于板材含水率变化引起收缩或胶液不合格所致。因此，严格检验板材含水率、胶粘剂等质量的过程就显得尤为重要。检验合格后才能使用，安装时钉子不宜过少。

2）表面不平的主要原因是基层不平或地板条变形起鼓所致。在施工时，应用水平尺对龙骨表面找平，如果不平应垫木调整。龙骨上应做通风小槽。板边距墙面应留出10mm的通风缝隙。保温隔声层材料必须干燥，防止木板受潮后起鼓。木地板表面平整度误差应在1mm以内。

3）拼缝不严的原因除了施工中安装不规范外，板材的宽度尺寸误差大及加工质量差也是重要原因。

4）局部翘鼓的主要原因除板子受潮变形外，还有毛板拼缝太小或无缝，使用中，水管等漏水泡湿地板所致。地板铺装后，涂刷地板漆应漆膜完整，日常使用中要防止水流入地板下部，要及时清理面层的积水。

5）地板在切割过程中应使用环保工具，避免有害物质木屑、粉尘、甲醛造成的危害。

二、地砖

1. 仿古砖

图3–19 仿古砖

仿古砖是从彩釉砖演化而来，实质上是上釉的瓷质砖。与普通的釉面砖相比，其差别主要表现在釉料的色彩上面，仿古砖属于普通瓷砖，与磁片基本是相同的，所谓仿古，指的是砖的效果，应该叫仿古效果的瓷砖（图3–19）。

（1）仿古砖的种类：仿古砖的图案以仿木、仿石材、仿皮革为主；也有仿植物花草、仿几何图案、仿织物、仿墙纸、仿金属等。烧成后图案可以柔抛，也可以半抛和全抛。瓷质有釉砖的设计图案和色彩是所有陶瓷中最为丰富多彩的。

在色彩和色彩运用方面，仿古砖多采用自然色彩，采用单色和复合色，自然的色彩就是取自于土地、大海、天空等的颜色；这些自然色彩普遍存在于世界的各个角落，如沙土的棕色、棕褐色和红色的色调；叶子的绿色、黄色、桔

图3–20　大海、天空的颜色

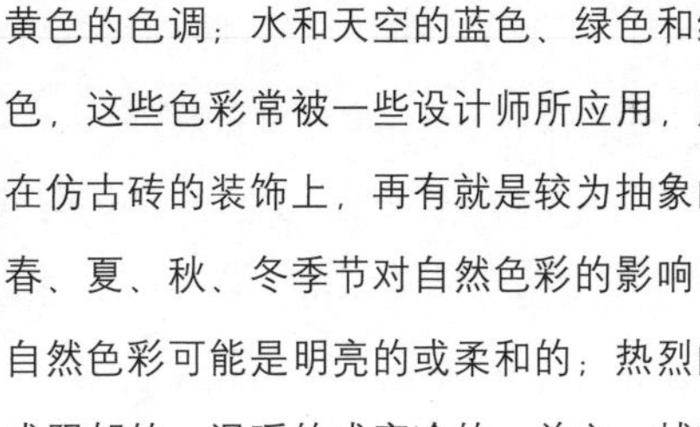

黄色的色调；水和天空的蓝色、绿色和红色，这些色彩常被一些设计师所应用，用在仿古砖的装饰上，再有就是较为抽象的春、夏、秋、冬季节对自然色彩的影响，自然色彩可能是明亮的或柔和的；热烈的或阴郁的；温暖的或寒冷的，总之，捕捉这些感觉，再通过色彩运用到仿古砖上（图3–20）。

（2）**仿古砖的应用：**仿古砖的规格通常有：300mm×300mm、400mm×400mm、500mm×500mm、600mm×600mm、300mm×600mm、800mm×800mm的，欧洲以300mm×300mm、400mm×400mm和500mm×500mm的为主；国内则以600mm×600mm和300mm×600mm的为主；300mm×600mm则是目前国内外流行的规格。仿古砖的表面，有作成平面的，也有作成小凹凸面的；仿古砖多为一次烧成，烧成温度1180～1230℃，在辊道窑中烧成，烧成周期通常为50～70分钟，烧后的瓷砖500mm×500mm以上的多采用全封闭式除尘的干式磨边工艺。另外，仿古砖的应用范围与釉面砖相同，在此不做过多介绍。

（3）**仿古砖的挑选：**仿古砖的挑选注意事项与釉面砖相同，在此不做过多介绍。

图3–21　抛光砖

2．抛光砖

抛光砖就是通体坯体的表面经过打磨而成的一种光亮的砖种，是通体砖的一种。相对于通体砖的平面粗糙而言，抛光砖外观光洁，质地坚硬耐磨。通过渗花技术可制成各种仿石、仿木效果。但是，抛光砖有一个很明显的缺点：易脏。这是抛光砖在抛光时留下的凹凸气孔造成的，这些气孔会藏污纳垢。另外，一些优质的抛光砖都会增加一层防污层（图3–21）。

（1）**抛光砖的种类**：抛光砖的品种名称繁多，如天之石系列、云影石系列、白玉渗花系列、雪花白石系列、彩虹石系列、彩云石系列、天韵石系列、金花米黄系列、真石韵系列、流星雨系列等。

（2）**抛光砖的应用**：抛光砖的一般规格有（长×宽×厚）400mm×400mm×6mm、500mm×500mm×6mm、600mm×600mm×8mm、800mm×800mm×10mm、1000mm×1000mm×10mm等。

目前抛光砖主要被使用在家居的客厅、餐厅和玄关处。客厅是家中最大的休闲、活动空间，家人相聚、娱乐会客的重要场所，明亮舒适的光线有助于相处中气氛的愉悦，休闲时减轻眼睛视觉的负担。由于客厅的功能性，其地面材料要求坚硬耐磨，而抛光砖就是一个不错的选择。抛光砖色彩是最易出效果、最能表达个性的，如果色彩运用恰当、搭配合理，效果会比单纯用贵重材料简单堆砌更能令人赏心悦目（图3–22）。

图3–22 抛光砖的应用

（3）**抛光砖的挑选**

1）抛光砖表面应光泽亮丽，无划痕、色斑、漏抛、漏磨、缺边、缺脚等缺陷。把几块砖拼放在一起应没有明显色差，砖体表面无针孔、黑点、划痕等瑕疵。

2）注意观察抛光砖的镜面效果是否强烈，越光的产品硬度越好，玻化程度越高，烧结度越好，而吸水率就越低（图3–23）。

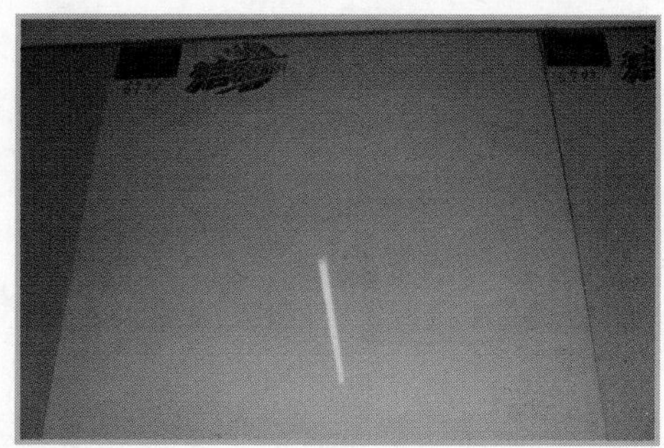

图3–23 镜面效果强烈

3）用手指轻敲砖体，若声音清脆，则瓷化程度高，耐磨性强，抗折强度高，吸水率低，且不易受污染；若声音混哑，则瓷化程度低（甚至存在裂纹），耐磨性差、抗折强度低，吸水率高，极易受污染。

4）以少量墨汁或带颜色的水溶液倒于砖面，静置两分钟，然后用水冲洗或用布擦拭，看残留痕迹是否明显，如只有少许残留痕迹，则砖体吸水率低，抗污性好，理化性能佳，如有明显或严重痕迹，则砖体玻化程度低，质量低劣。

3. 玻化砖

图3–24 玻化砖

玻化砖的出现是为了解决抛光砖出现的易脏问题，其又称为全瓷砖。是由优质高岭土强化高温烧制而成，表面光洁但又不需要抛光，因此不存在抛光气孔的问题。其吸水率小、抗折强度高，质地比抛光砖更硬更耐磨。

玻化砖与抛光砖类似，但是制作要求更高，要求压机更好，能够压制更高的密度，同时烧制的温度更高，能够做到全瓷化（图3–24）。

（1）**玻化砖的种类：**玻化砖同抛光砖一样，品种名称很多，如金花米黄、飞天石、天山石、微晶玉、泰山石、珍珠石、月亮石等。

（2）**玻化砖的应用：**玻化砖规格一般较大，通常为（长×宽×厚）600mm×600mm×8mm、800mm×800mm×10mm、1000mm×1000mm×10mm、1200mm×1200mm×12mm等。

玻化砖拥有很多优点，应用也较广泛。在家庭装修中，其应用与抛光砖相同。但玻化砖在众多的优点中隐藏了一个令人烦恼的缺点，就是在施工过程中不慎和日常保养不当，会出现渗脏吸污现象，严重影响玻化砖整体美观性。所以，使用玻化砖时要特别注意这一点。

（3）**玻化砖的挑选：**玻化砖的选购挑选注意事项与抛光砖相同，在此不做过多介绍。

4. 地砖的品种与价格（表3-5）

表3-5　地砖的参考价格

产品名称	品牌	规格/mm	类型	参考价格/(元/片)
赛尚印象复古地砖	诺贝尔	450×450	釉面砖	35.60
塞尚印象系列地砖	诺贝尔	300×300	釉面砖	15.20
塞尚印象系列地砖	诺贝尔	450×450	釉面砖	34.20
诺贝尔地砖	诺贝尔	300×300	釉面砖	16.20
诺贝尔地砖	诺贝尔	450×450	釉面砖	37.80
冠军矽晶岩地砖	冠军	300×300	釉面砖	20.50
冠军地新岩地砖	冠军	300×300	釉面砖	17.20
冠军地砖	冠军	300×300	釉面砖	17.20
罗马弗莱克斯地砖	罗马	300×300	釉面砖	14.20
罗马曲艺地砖	罗马	300×300	釉面砖	8.00
罗马巴登地砖	罗马	300×300	釉面砖	8.20
罗马璞琳石地砖	罗马	300×300	釉面砖	14.20
马可波罗地砖	马可波罗	316×316	釉面砖	11.00
马可波罗地砖	马可波罗	600×600	釉面砖	68.00
马可波罗地砖	马可波罗	800×800	釉面砖	105.00
吉尼斯地砖	吉尼斯	300×300	釉面砖	10.00
吉尼斯地砖	吉尼斯	600×600	釉面砖	16.00
蒙娜丽莎地砖	蒙娜丽莎	300×300	釉面砖	8.20
L&D OLYMPIC石	罗丹	300×600	釉面砖	80.00
L&D地砖	罗丹	600×600	釉面砖	69.20
欧神诺水波游弋地砖	欧神诺	300×300	釉面砖	9.50
奥米茄地砖	奥米茄	300×300	釉面砖	6.20
奥米茄地砖	奥米茄	500×500	釉面砖	18.20
诺贝尔微粉纳米地砖	诺贝尔	600×600	玻化砖	84.50
诺贝尔微粉纳米地砖	诺贝尔	800×800	玻化砖	185.00
蒙娜丽莎晶窟石玻化砖	蒙娜丽莎	600×600	玻化砖	68.00
蒙娜丽莎抛光砖	蒙娜丽莎	600×600	抛光砖	62.00
蒙娜丽莎微晶石系列	蒙娜丽莎	800×800	抛光砖	220.00

（续）

产品名称	品牌	规格/mm	类型	参考价格/（元/片）
冠军抛光砖	冠军	600×600	抛光砖	78.00
冠军抛光砖	冠军	800×800	抛光砖	152.00
罗丹霓云石玻化砖	罗丹	800×800	玻化砖	65.00
罗丹天山石玻化砖	罗丹	800×800	玻化砖	100.00
欧神诺抛光砖地砖	欧神诺	600×600	抛光砖	77.00
欧神诺抛光砖地砖	欧神诺	800×800	抛光砖	168.00
诺贝尔聚晶系列玻化地砖	诺贝尔	300×300	玻化砖	15.20
诺贝尔铂金系列瓷质抛光地砖	诺贝尔	600×600	抛光砖	85.20
诺贝尔铂金系列瓷质抛光地砖	诺贝尔	800×800	抛光砖	188.00

5. 地砖的施工要点

1）混凝土地面应将基层凿毛，凿毛深度5～10mm，凿毛痕的间距为30mm左右。清净浮灰，砂浆、油渍，将地面散水刷扫。或用107胶的水泥砂浆拉毛。抹底子灰后，底层6～7成干时，进行排砖弹线。基层必须处理合格。基层湿水可提前一天实施。

2）铺贴前应弹好线，在地面弹出与门道口成直角的基准线，弹线应从门口开始，以保证进口处为整砖，非整砖置于阴角或家具下面，弹线应弹出纵横定位控制线。正式粘贴前必须粘贴标准点，用以控制粘贴表面的平整度，操作时应随时用靠尺检查平整度，不平、不直的要取下重粘。

3）铺贴陶瓷地面砖前，应先将陶瓷地面砖浸泡两小时以上，以砖体不冒泡为准，取出晾干待用。以免影响其凝结硬化，发生空鼓、起壳等问题（图3–25）。

图3–25　地面砖浸泡

4）铺贴时，水泥砂浆应饱满地抹在陶瓷地面砖背面，铺贴后用橡皮锤敲实。同时，用水平尺检查校正，擦净表面水泥砂浆。铺粘时遇到管线、灯具开关、卫生间设备的支承件等，必须用整砖套割吻合（图3–26）。

图3–26　橡皮榧敲实

5）铺贴完2～3小时后，用白水泥擦缝，用水泥:砂子＝1:1（体积比）的水泥砂浆将缝填充密实，平整光滑。再用棉丝将表面擦净。铺贴完成后，2～3小时内不得上人。陶瓷锦砖应养护4～5天才可上人。

6．地砖使用的注意事项

地面砖空鼓或松动的质量问题处理方法较简单，用小木锤或橡皮锤逐一敲击检查，发现空鼓或松动的地面砖做好标记，然后逐一将地面砖掀开，去掉原有结合层的砂浆并清理干净，用水冲洗后晾干；刷一道水泥砂浆，按设计的厚度刮平并控制好均匀度，而后将地面砖的背面残留砂浆刮除，洗净并浸水晾干，再刮一层胶粘剂，压实拍平即可。

由于季节的变化，尤其在夏季和冬季，温差变化较大，地面砖易在这个时期出现爆裂或起拱的质量问题。可将爆裂或起拱的地面砖掀起，沿已裂缝的找平层拉线，用切割机切缝，缝宽控制在10～15mm之间，而后灌柔性密封胶。结合层可用干硬性水泥砂浆铺刮平整铺贴地面砖，也可用JC建筑装饰胶粘剂。铺贴地面砖要准确对缝，将地面砖的缝留在锯割的伸缩缝上，缝宽控制在10mm左右。

三、地毯

地毯作为地面装饰材料之一比起其他地面装饰材料其发展的历史进程非常悠久，可以上溯到古埃及时代。地毯是一种高级地面装饰材料，它不仅有隔热、保温、吸声、富有良好的弹性等特点，而且铺设后可以使室内显高贵、华丽、美观、悦目的气氛。

1．装饰地毯的种类

地毯的种类很多，按原料分有纯毛地毯、化纤地毯、混纺地毯、橡胶地毯、剑麻地毯等；按图案分有京式地毯、美术式地毯、东方式地毯、彩花式地毯、素凸式地毯、古典式地毯等；按结构款式分有方块地毯、花式方块地毯、草垫地毯、小块地毯、圆形地毯、半圆形地毯、椭圆形地毯等。

（1）纯毛地毯主要原料为粗绵羊毛。纯羊毛地毯根据织造方式不同，一般分为手织、机织、无纺等品种。

图3-27　纯毛地毯

羊毛地毯因具有质地柔软、耐用、保暖、吸声、柔软舒适、弹性好、拉力强、光泽足、质感突出、富丽堂皇等优点而深受人们的喜爱。但纯毛地毯价格较高，易虫蛀、易长霉而影响了使用面，室内装饰一般选用小块羊毛地毯作为客厅或卧室等的局部铺设。较高档次的如星级酒店则选择室内空间满铺的形式，以衬出高贵华丽的气氛（图3–27）。

（2）化纤地毯是以化学纤维为主要原料制成。化纤地毯的出现弥补了纯毛地毯价格高，易磨损的缺陷。其种类较多，如聚丙烯纤维（丙纶）、聚丙烯腈纤维（腈纶）、聚酯纤维（涤纶）、尼龙纤维（锦纶）等。化纤地毯一般由面层、防松层和背衬三部分组成。面层以中、长簇绒制作。防松层以氯乙烯共聚乳液为基料，添加增塑剂、增稠剂和填充料，以增强绒面纤维的固着力，背衬是用胶粘剂与麻布黏结胶合而成。

图3-28　化纤地毯

化纤地毯外观与手感类似羊毛地毯，具有吸声、保温、耐磨、抗虫蛀等优点，但弹性较差，脚感较硬，易吸尘积尘。化纤地毯价格较低，能为大多数消费者采用（图3–28）。

化纤地毯中的锦纶地毯耐磨性好，易清洗、不腐蚀、不虫蛀、不霉变，但易变形，易产生静电，遇火会局部熔解；涤纶地毯耐磨性仅次于锦纶，耐热、耐晒，不霉变、不虫蛀，但染色困难；丙纶地毯质轻、弹性好、强度高，原料丰富，生产成本低；腈纶地毯柔软、保暖、弹性好，在低伸长范围内的弹性回复力接近于羊毛，比羊毛质轻，不霉变、不腐蚀、不虫蛀，缺点是耐磨性差。

图3-29　多层绒头高低针结构

化纤地毯的装饰效果主要取决于地毯表面结构的形式，表面的结构不同，装饰效果也有很大的区别。一般有平面毛圈绒头结构、多层绒头高低针结构、割绒（剪毛）结构、长毛绒结构、起绒（粗绒）结构（图3–29）。

平面毛圈绒头结构的特点是全面平圈高度一致，未经剪割，表面平滑，结实耐用；多层绒头高低针结构的特点是地毯毛圈绒头高度不一致，表面起伏有致，富有雕塑感，花纹图案好像刻在地毯上；割绒（剪毛）结构的特点是把毛圈顶部剪去，毛圈即成两个绒束，地毯表面给人以优雅纯净，一片连绵之感；长毛绒结构的特点是绒头纱线较为紧密，用料严格。有“色光效应”，使色泽变化多姿，或浓淡，或明暗；起绒（粗绒）结构的特点是数根绒紧密相集，产生小结块效应，地毯非常结实，适用于交通频繁的场所使用。

图3-30　混纺地毯

（3）混纺地毯品种很多，常以纯毛纤维和各种合成纤维混纺。混纺地毯结合纯毛地毯和化纤地毯两者的优点，在羊毛纤维中加入化学纤维而成。如加入20%的尼龙纤维，地毯的耐磨性能比纯羊地毯高出五倍；同时克服了化纤地毯静电吸尘的缺点，也可克服纯毛地毯易腐蚀等缺点。具有保温、耐磨、抗虫蛀、强度高等优点。弹性、脚感比化纤地毯好，价格适中，为不少消费者青睐（图3–30）。

（4）橡胶地毯是以天然橡胶为原料，经蒸汽加热、模压而成。其绒毛长度一般为5～6mm，除了具有其他地毯特点外，还具有防霉、防滑、防虫蛀，隔潮、绝缘、耐腐蚀及清扫方便等优点。常用的规格有500mm×500mm、1000mm×1000mm的方形地毯，其色彩与图案可根据要求定做，价格同簇绒化纤地毯相近。可用于楼梯、浴室、走廊、体育场等潮湿或经常淋雨的地面铺设（图3–31）。

图3–31　橡胶地毯

（5）剑麻地毯以剑麻纤维为原料，经纺纱、编织、涂胶、硫化等工序制成。产品分素色和染色两种，有斜纹、鱼骨纹、帆布平纹、多米诺纹等多种花色。幅宽4m以下，卷长50m以下，可按需要裁割。其价格比羊毛地毯低，但弹性较差。具有抗压、耐磨、耐酸碱、无静电等优点（图3–32）。

图3–32　剑麻地毯

剑麻地毯属于地毯中的绿色产品，可用清水直接冲刷，其污渍很容易清除；同时不会释放化学成分，能长期散发出天然植物特别的清香，可带来愉悦的感受。如赤足走在上面，还有舒筋活血的功效；还具有耐腐蚀、酸碱等特性，如在烟头类火种落下时，不会因燃烧而形成明显痕迹。剑麻地毯相对使用寿命较长。目前这类地毯售价较高，但仍然被很多消费者青睐。我国比较著名的地毯见表3–6中所述。

表3–6　我国比较著名的地毯品种

名称	特　点
安顺布依地毯	图案吸收布依族艺术，借鉴朴实民族风格与典雅艺术特色。 色彩素雅美观，明快朴实，富有浓厚的乡土气息。毯面呈现丝光效果，柔软光亮，具有较高的实用价值与欣赏价值
版纳地毯	产于云南昭通市，纯手工编织。图案源于西双版纳的多个民族的民间纹样，具有浓郁地方特色与民族风格，原料采用当地藏羊优质羊毛，光泽好，拉力强，富弹性，坚韧耐磨，色泽与弹性持久
包头汉宫地毯	产于内蒙古包头市，为波斯地毯的仿制品。其图案纹样与汉代宫廷地毯相近。产品色泽沉稳，花纹细腻，厚度适宜，经久耐用
北京地毯	始于清咸丰年间，1860年西藏喇嘛进京，带来大量贡毯，后招艺人鄂尔达尼玛携徒两人来京，设地毯传教所。自此，织造技艺开始在民间流传，经数代艺人努力成为独具特色的北京地毯

（续）

名称	特　点
和田地毯	和田地毯历史悠久，驰名中外。特点是毛质好，绒密毛长，色彩鲜艳，制作精细，图案多样，编织讲究。图案结构严谨而富有韵律感，多样而富有生活气息
河北地毯	以产品经化学水洗处理后，极大提高质量而著名，不仅去污杀菌，表里整洁，回缩定型，并使毯面毛绒断面破捻，增进其丝绸织物般光泽滑润丰满的手感，柔韧持久的弹力与艳丽明快的色彩
临洮仿古地毯	产于甘肃省临洮县，系选用纤维长、光泽好、拉力强、粗细适度的土种羊毛为原料，采用植物染色工艺，手工织作，并经化学洗制而成
内蒙古仿古地毯	产于内蒙古阿拉善左旗、杭锦后旗和准格尔旗等地。由于采用机纺纱抽绞织造及化学水洗，故又称机抽洗地毯。产品工艺精湛，牢固耐用，典雅美观，古色古香
南京天鹅绒毯	产于江苏省南京市。为在20世纪50年代末期参考国外伊斯兰教礼拜堂的祈祷毯的基础上，经研究、仿制而成。宜作为馈赠礼品
宁夏仿古地毯	按古典图案设计制作，精美古朴，构思巧妙，富有伊斯兰民族风格与地方特色。成品外观舒展，色泽光亮如缎，毛头蓬松，富有弹性，手感丰柔饱满，耐磨耐压而不变形
青海地毯	西宁毛被公认为制毯的上等原料。青海地毯坚韧耐磨，弹性良好，毯面丰满，质地柔软，色泽鲜艳。踩踏后，毛丛迅速恢复原状，不致变形或塌陷。使用年代愈久，光泽愈亮
如皋手工丝毯	光洁夺目、构图优雅、富丽堂皇、手感柔软并阻燃隔声。每平方英尺饰有12960～14400个手工栽绒结，道数密，花纹细，造型准，做工精细，精密度超过著名的伊朗波斯毯，风格华贵高雅
山东地毯	高级手工栽绒地毯，国际市场上统称青岛海鸥地毯。图案花纹细腻清晰、高雅华贵。或以庄重典雅见长，或以色彩缤纷取胜。其直立的绒毛虽受长年践踏，依然挺拔、不变形、不倒伏
山西地毯	产品毛质优良，结构致密，图案典雅，立体感强，富有浓厚的地方色彩与民族风格。以太原、昔阳、神池、五寨、山阴、阳泉、陵川等市县所产质量最优
上海地毯	手工羊毛地毯，保持浓厚的民族风格与上海地方特色，并吸取我国古代艺术纹样及构图特点，借鉴某些外来艺术，构成色彩协调、古朴新颖、图案丰富的特色

（续）

名称	特　点
天津地毯	线条流畅，纹路清晰，密度合理，厚度适中，毛质挺拔，富有弹性，配色协调，品种繁多。其中包括有日本风格帐绣式地毯，西欧风格装饰毯，原始色彩的津环地毯与风格粗犷的氆氇地毯等
西藏地毯	西藏高原的羊毛有毛质粗硬，弹性强的优点，很适合做地毯。西藏地毯编织紧密，弹性强，保暖隔潮，经久耐用，且色彩鲜艳，构图生动，美观大方，具有浓厚的高原情趣与独特的民族风格
新疆地毯	新疆被认为是世界上编织地毯的起源地。新疆为人民大会堂新疆厅织出重达2.5t，面积为460m^{2}的大地毯，具有浓郁的民族风格与地方特色，被称为“地毯之王”
榆林地毯	全为手工织造，织工精细，毯型周正，道数充足，厚度准确，板硬挺直，图案优美，色泽调和，不易褪色，富有弹性，手感滑润，脚感柔韧
浙川皇冠地毯	丝毛交织，手工织制。精选桑蚕丝和地产优质羊毛为原料，以羊毛作底，桑蚕丝作花型，图案考究，设计新颖，做工精美，集地方民俗与波斯风格于一身

2. 地毯的品种与价格（表3–7）

表3–7　地毯的参考价格

产品名称	品牌	材质	规格/mm	参考价格/(元/块)
巧巧羊毛威尔顿地毯	巧巧	羊毛	200×300	3469.00
巧巧90道手工羊毛毯	巧巧	羊毛	1700×2400	11699.00
巧巧羊毛加丝地毯	巧巧	羊毛	1700×2400	3899.00
巧巧12支3股羊毛地毯	巧巧	羊毛	1700×2400	3355.00
巧巧羊毛带子地毯	巧巧	羊毛	1700×2400	2899.00
港龙爱琴海地毯	港龙	丙纶	1600×2300	679.00

（续）

产品名称	品牌	材质	规格/mm	参考价格/(元/块)
港龙爱琴海地毯	港龙	丙纶	1330×1900	465.00
港龙RX—3瑞尔雪系列	港龙	丙纶	450×1500	180.00
港龙RX—6瑞尔雪系列	港龙	丙纶	1200×1700	406.00
巧巧机织腈纶金银丝线	巧巧	腈纶	1200×1700	485.00
巧巧腈纶威尔顿	巧巧	腈纶	1700×2400	1299.00
巧巧腈纶亮光纱	巧巧	腈纶	1400×2000	1150.00
巧巧腈纶地毯	巧巧	腈纶	1700×2400	955.00
港龙N—8尼龙印花地毯	港龙	尼龙	1400×2000	265.00
港龙N—7尼龙印花地毯	港龙	尼龙	1150×1600	186.00
港龙N—1尼龙印花地毯	港龙	尼龙	400×600	26.00
红粉佳人人棉丝毯	红粉佳人	棉丝	1550×2300	885.00
红粉佳人人棉丝毯	红粉佳人	棉丝	1000×1400	315.00
红粉佳人人棉丝毯	红粉佳人	棉丝	2900×2000	1659.00
港龙X—1雪尼尔系列	港龙	棉丝	500×800	69.00
港龙X—2雪尼尔系列	港龙	棉丝	700×1400	169.00
港龙X—3雪尼尔系列	港龙	棉丝	1100×1700	315.00
港龙X—4雪尼尔系列	港龙	棉丝	1400×2000	449.00

3. 地毯的挑选

在选购时，要注意以下几点。

（1）选购地毯时首先要了解地毯纤维的性质，简单的鉴别方法一般采取燃烧法和手感、观察相结合的方法，棉的燃烧速度快，灰末细而软，其气味似燃烧纸张，其纤维细而无弹性，无光泽；羊毛燃烧速度慢，有烟有泡，灰多且呈脆块状，其气味似燃烧头发。质感丰富，手捻有弹性，具有自然柔和的光泽。化纤及混纺地毯燃烧后熔融呈胶体并可拉成丝状，手感弹性好并且重量轻，其色彩鲜艳。

图3-33　卧室地毯

（2）选择地毯时，其颜色应根据室内家具与室内装饰色彩效果等具体情况而定，一般客厅或起居室内宜选择色彩较暗、花纹图案较大的地毯，卧室内宜选择花型较小、色彩明快的地毯（图3-33）。

（3）地毯施工用量核算（适用于地毯满铺时的情况）：由于地毯铺贴时常常需要剪裁，所以，核算时在实际面积计算出来后，要再加8%～12%的损耗量。有的地毯要求下面加弹性胶垫，其所需用量与地毯相同。

（4）观察地毯的绒头密度，可用手去触摸地毯，产品的绒头质量高，毯面的密度就丰满，这样的地毯弹性好、耐踩踏、耐磨损、舒适耐用。但不要采取挑选长毛绒的方法来挑选地毯，表面上看起来绒绒乎乎好看，但绒头密度稀松，绒头易倒伏变形，这样的地毯不耐踩踏，易失去地毯特有的性能，不耐用。

（5）检测色牢度，色彩多样的地毯，质地柔软，美观大方。选择地毯时，可用手或试布在毯面上反复摩擦数次，看其手或试布上是否粘有颜色，如粘有颜色，则说明该产品的色牢度不佳，地毯在铺设使用中易出现变色和掉色，而影响地毯在铺设使用中的美观效果。

（6）检测地毯背衬剥离强力，簇绒地毯的背面用胶乳粘有一层网格底布。消费者在挑选该类地毯时，可用手将底布轻轻撕一撕，看看黏结力的程度，如果黏结力不高，底布与毯体就易分离，这样的地毯不耐用。

（7）看外观质量，消费者在挑选地毯时，要查看地毯的毯面是否平整、毯边是否平直、有无瑕疵、油污斑点、色差，尤其选购簇绒地毯时要查看毯背是否有脱衬、渗胶等现象，避免地毯在铺设使用中出现起鼓、不平等现象，而失去舒适、美观的效果。

4. 地毯在实际应用中的功能

（1）美化生活环境：地毯的设计已经从平面印染的单调概念脱颖而出，与环境艺术、空间造型等设计紧密结合，使地毯更具丰富的图案与色彩，与家具及其他装饰器件一起，构成一幅和谐、协调、舒适的图画，能给人以良好的心态。人处于居室中有舒畅、轻松的感觉；在环境里则又有清新、优雅、整齐的心情；在宾馆或其他公共场所，给人一种平静安宁的气氛（图3–34）。

图3–34　美化生活环境

（2）舒适安全：人行走在地毯上，会觉得舒畅悠闲，减少疲劳。不会出现硬质地面与硬质鞋底频频碰击产生的冲击，因而也不易打滑摔跌，即使跌倒了也不易受伤，同时易碎物品摔落时，也可减轻破损程度（图3–35）。

（3）吸声隔声：地毯具有优良的吸声效果，使居室内变得安静；在办公室能吸收电话和其他杂声，能阻隔来自顶层楼板以及室外楼梯、通道传递过来的冲击声和脚步声。

图3–35　舒适安全

（4）防尘环保：由于地毯的毯面为密集的绒头结构，因此从空中下落到地毯的尘埃为绒头所粘，阻止向外界飞逸开来。即使两次步行踩踏地毯所产生的扬尘，其程度也远低于硬质地面，相对地降低了空气中的含尘量。

（5）保暖调节温度：地毯大多由保温性能良好的各种纤维织成，大面积地铺垫地毯可以减少室内通过地面散失的热量，阻断地面寒气的侵袭，使人感到温暖舒适。地毯织物纤维之间的空隙具有良好的调节空气湿度的功能，当室内湿度较高时，它能吸收水分；室内较干燥时，空隙中的水分又会释放出来使室内湿度得到一定的调节平衡，令人感到舒爽（图3–36）。

图3–36　保暖调节温度

5. 地毯使用的注意事项

每天用吸尘器清理，不要等到大量污渍及污垢渗入地毯纤维后清理，只有经常清理，才易于清洁。在清洗地毯时要注意将地毯下面的地板清扫干净。

地毯铺用几年以后，最好调换一下位置，使之磨损均匀。一旦有些地方出现凹凸不平要轻轻拍打，或者用蒸汽熨斗轻轻熨一下。

地毯上落下些绒毛、纸屑等质量轻的物质，吸尘器就可以解决。若不小心在地毯上打破一只玻璃杯，可用宽些的胶带纸将碎玻璃粘起；如碎玻璃呈粉状，可用棉花蘸水粘起，再用吸尘器吸。咖啡、可可、茶渍可用甘油除掉；水果汁可用冷水加少量稀氨水溶液除去；油漆污渍可用汽油与洗衣粉一起调成粥状，晚上涂到油漆处，待第二天早晨用温水清洗后再用干毛巾将水分吸干。

第4章 门窗材料

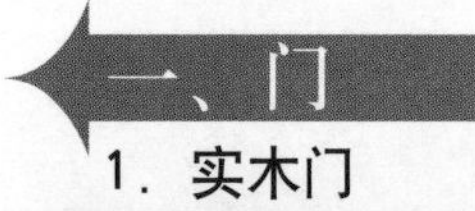

一、门

1. 实木门

图4–1　实木门

实木门是以取材自森林的天然原木做门芯，经过干燥处理，然后经下料、刨光、开榫、打眼、高速铣形等工序科学加工而成。实木门所选用的多是名贵木材，如樱桃木、胡桃木、柚木等，经加工后的成品门具有不变形、耐腐蚀、无裂纹及隔热保温等特点。同时，实木门因具有良好的吸声性，而有效地起到了隔声的作用（图4–1）。

实木门天然的木纹纹理和色泽，对崇尚回归自然的装修风格的家庭来说，无疑是最佳的选择。实木门自古以来就透着一种温情，不仅外观华丽，雕刻精美，而且款式多样。

（1）实木门的品种与价格见表4–1。

表4–1　实木门的参考价格

产品名称	品牌	规格	参考价格/（元/樘）
恒春工艺成套实木门（柚木）	恒春实木门	B5	2260.00
恒春工艺成套实木门（黑胡桃）	恒春实木门	B3	2050.00
恒春工艺成套实木门（黑胡桃）	恒春实木门	F1	2350.00
恒春工艺成套实木门（金丝柚）	恒春实木门	X4	1720.00
恒春工艺成套实木门（花梨）	恒春实木门	X16	1550.00

（续）

产品名称	品牌	规格	参考价格/（元/樘）
恒春工艺成套实木门（红胡桃）	恒春实木门	B10	1780.00
恒春工艺成套实木门（沙比利）	恒春实木门	V9	1800.00
福进指接实木门（柞木）	福进实木门	FJ063B	2520.00
福进指接实木门（柞木）	福进实木门	FJ053B	2320.00
福进指接实木门（柞木）	福进实木门	FJ032A	2180.00
千娇实木门	千娇红木堂	CA23	2820.00
千娇实木门	千娇红木堂	CA12	3250.00
千娇实木门	千娇红木堂	CE01	1050.00
福艺实木系列	福艺木门	SM-001	2200.00
福艺实木系列	福艺木门	SM-002	2350.00

（2）**实木门的挑选**：市场上纯实木门并不多见，纯实木门是指从里到外、从门到框都用原木，且为同一种木材，在原木上擦色，或直接涂装。成本相当高，一樘纯柚木实木门的售价在9000～12500元之间。正是由于成本原因，现在市场上所销售的实木门一般只在用料较少的部位，如木条、封边等局部用纯实木材料，其门芯多为低档实木（如松木、水曲柳等）或其他材料，这一点消费者要认清，不要被商家欺骗，但这并不意味着市场上所销售的实木门不好。

图4–2 柚木门

目前实木门的市场价格从1500～3000元不等，其中高档的实木有胡桃木、樱桃木、沙比利、花梨木等。一般高档的实木门在脱水处理的环节中做得较好，相对含水率在8%左右，这样成形后的木门不容易变形、开裂，使用的时间也会较长（图4–2）。

在选购实木门的时候要看门的厚度，还可以用手轻敲门面，若声音均匀沉闷，则说明该门质量较好；一般木门的实木比例越高，这扇门就越沉；如果是纯实木门，表面的花纹非常不规则，如门表面花纹光滑整齐漂亮的，往往不是真正的实木门。

2. 实木复合门

图4–3 实木复合门

实木复合门的门芯多以松木、杉木或进口填充材料等黏合而成，外贴密度板和实木木皮，经高温热压后制成。一般实木复合门的门芯多为白松为主，表面则为实木单板。由于白松密度小、重量轻，且较容易控制含水率，因而成品门的重量都较轻，也不易变形、开裂。另外，实木复合门还具有保温、耐冲击、阻燃等特性，具有手感光滑、色泽柔和的特点，而且隔声效果同实木门基本相同（图4–3）。

（1）实木复合门的品种与价格见表4–2。

表4–2 实木复合门的参考价格

产品名称	品牌	规格	参考价格
中发工艺混油门	中发门	标准尺寸	260.00元/樘
中发黑胡桃平板门	中发门	标准尺寸	650.00元/樘
建华红橡实木复合工艺成套门	建华	标准尺寸	1700.00元/樘
建华樱桃实木复合工艺成套门	建华	标准尺寸	1650.00元/樘
建华泰柚实木复合工艺成套门	建华	标准尺寸	1680.00元/樘
建华高密度侧玻百叶门	建华	标准尺寸	1320.00元/樘
赛斯复合木门	赛斯	E608	930.00元/扇
赛斯复合木门	赛斯	SM–BG021MC	780.00元/扇
赛斯复合木门	赛斯	SM–C052MC	910.00元/扇
赛斯复合木门	赛斯	SM–C037BMC	860.00元/扇
伯尔特成套实木复合门	伯尔特	C系列	1620.00元/樘
伯尔特成套实木复合门	伯尔特	B系列	1820.00元/樘
周氏柚枫黑胡桃复合门	周氏	C型	690.00元/扇
周氏柚枫黑胡桃复合门	周氏	B型	820.00元/扇

（2）实木复合门的挑选：高级实木复合门对材料有严格的要求，木材

必须干燥，有环保指标的必须达标。在此基础上，锯、切、刨、铣，采用精密机床加工，胶合采用热压工艺，油漆采用喷涂方法，工序之间层层把关检验。用这种先进工艺生产的复合门，具有形体美、精度高、规格准确、漆膜饱满、极不易翘曲变形等优势。一般小工厂生产的门，虽然使用机械加工，但木材很少进行干燥处理，很难保证质量。另外，用手工制作的门，以作坊方式生产，就更无法保证质量了。

图4–4　木纹清晰、纹理美观

在选购实木复合门时，要注意查看门扇内的填充物是否饱满；门边刨修的木条与内框联结是否牢固；装饰面板与框黏结应牢固，无翘边、裂缝，板面平整、洁净，无节疤、虫眼、裂纹及腐斑，木纹清晰，纹理美观（图4–4）。

3．模压木门

模压木门是由两片带造型和仿真木纹的高密度纤维模压门皮板经机械压制而成。由于门板内是空心的，自然隔声效果相对实木门来说要差些，并且不能遇水。

模压木门以木贴面并刷“清漆”的木皮板面，保持了木材天然纹理的装饰效果，同时也可进行面板拼花，既美观活泼又经济实用。一般的复合模压木门在交货时都带中性的白色底漆，消费者可以回家后在白色中性底漆上根据个人喜好再上色，满足了消费者个性化的需求。

图4–5　模压木门

模压木门因价格较实木门和实木复合门更经济实惠，且安全方便，而受到中等收入家庭的青睐。但装修效果却远不及实木门和实木复合门（图4–5）。

（1）模压木门的品种与价格见表4–3。

表4–3　模压木门的参考价格

产品名称	品牌	规格	参考价格
美森耐底漆四季风采标准模压门	美森耐	标准尺寸	410.00元/扇
美森耐宫殿标准模压门	美森耐	标准尺寸	620.00元/扇
美森耐木纹单扇模压门	美森耐	标准尺寸	405.00元/扇
美森耐底漆单扇模压门	美森耐	标准尺寸	410.00元/扇
美森耐底漆单扇新款模压门	美森耐	标准尺寸	470.00元/扇
伯尔特成套平板变异门	伯尔特	A2	960.00元/樘
伯尔特成套平板变异模压门	伯尔特	A1	780.00元/樘
伯尔特成套新款门	伯尔特	A2	900.00元/樘
伯尔特成套标准门	伯尔特	Ⅱ型	760.00元/樘
伯尔特成套标准模压门	伯尔特	Ⅰ型	670.00元/樘

（2）模压木门的挑选：在选购模压木门时，应注意其贴面板与框连接应牢固，无翘边、裂缝；门扇边刨修过的木条与内框连接应牢固；内框横、竖龙骨排列符合设计要求，安装合页处应有横向龙骨；板面平整、洁净，无节疤、虫眼、裂纹及腐斑，木纹清晰，纹理美观且板面厚度不得低于3mm。

二、型材门窗

1．塑钢门窗

塑钢是以聚氯乙烯（PVC）树脂为主要原料，加上一定比例的稳定剂、着色剂、填充剂、紫外线吸收剂等，经挤出成型材，然后通过切割、焊接或螺钉连接的方式制成框架，配装上密封胶条、毛条、五金件等，同时为增强型材的刚性，型材空腔内需要加钢衬（加强筋）（图4–6）。

图4–6　塑钢型材

塑钢一般用于门窗框架，这样制成的门窗，又称为塑钢门窗。塑钢门窗具有良好的气密性、水密性、抗风压性、隔声性、防火性，成品尺寸精度高，不变形，容易保养。

（1）**塑钢门窗的种类**：目前塑料门窗的种类很多，按开启方式分类：平开窗、平开门、推拉窗、推拉门、固定窗、旋窗等。按构造分类：单玻、双玻、三玻门窗等（图4–7）。

图4–7　塑钢门窗的种类

（2）塑钢门窗的品种与价格（表4–4）

表4–4　塑钢门窗的参考价格

产品名称	品牌	规格	参考价格/(元/m²)
海螺推拉窗（单玻）	海螺塑钢门窗	80	180.00
海螺推拉窗（双玻）	海螺塑钢门窗	80	225.00
海螺推拉窗（单玻）	海螺塑钢门窗	88	190.00
海螺推拉窗（双玻）	海螺塑钢门窗	88	235.00
海螺推拉门（单玻）	海螺塑钢门窗	60	230.00
海螺推拉门（双玻）	海螺塑钢门窗	60	270.00
实德平开窗（单玻）	实德塑钢门窗	60	245.00
实德平开窗（双玻）	实德塑钢门窗	60	285.00
实德对开门（单玻）	实德塑钢门窗	60	345.00
实德对开门（双玻）	实德塑钢门窗	60	385.00
LG好佳喜推拉窗（单玻）	LG好佳喜塑钢门窗	85	220.00
LG好佳喜推拉窗（双玻）	LG好佳喜塑钢门窗	85	260.00

（续）

产品名称	品牌	规格	参考价格/（元/m^2）
LG好佳喜推拉门（单玻）	LG好佳喜塑钢门窗	114	450.00
LG好佳喜推拉门（双玻）	LG好佳喜塑钢门窗	114	630.00
柯梅令推拉窗（单玻）	柯梅令塑钢门窗	80	385.00
柯梅令推拉窗（双玻）	柯梅令塑钢门窗	80	425.00
柯梅令平开窗（单玻）	柯梅令塑钢门窗	58	490.00
柯梅令平开窗（双玻）	柯梅令塑钢门窗	58	540.00
柯梅令推拉门（单玻）	柯梅令塑钢门窗	78	610.00
柯梅令推拉门（双玻）	柯梅令塑钢门窗	78	660.00

（3）**塑钢门窗的挑选：**塑钢门窗的价格适中，国内知名品牌的普通型材每平方米在200～400元之间。选购时应注意，优质的塑钢门窗是青白色，而不是消费者通常认为的白色。相反刺眼雪白的型材防晒能力差，老化速度也快。优质型材外观应具有完整的剖面，外表光洁无损，内壁平直，光度则不作具体要求。型材壁较厚。反之，剖面有气泡、压伤、裂纹等属劣质型材。

在选购时应注意以下几点。

1）不要买廉价的塑钢门窗：门窗表面应光滑平整，无开焊断裂，密封条应平整、无卷边、无脱槽、胶条无气味。门窗关闭时，扇与框之间无缝隙，门窗四扇均为接一整体、无螺钉连接。

2）重视玻璃和五金件：玻璃应平整、无水纹。玻璃与塑料型材不直接接触，有密封压条贴紧缝隙。五金件齐全，位置正确，安装牢固，使用灵活。门窗框、扇型材内均嵌有专用钢衬。

3）玻璃应平整，安装牢固，安装好的玻璃不直接接触型材。不能使用玻璃胶。若是双玻夹层，夹层内应没有灰尘和水。开关部件关闭严密，开关灵活。推拉门窗开启滑动自如，声音柔和、绝无粉尘脱落。

4）塑钢门窗均在工厂车间用专业设备制作，只可现场安装，不能在施工现场制作。

消费者在选购塑钢门窗的时候，会发现差价非常大。便宜的每平方米100元左右，而贵的则可高达上千元。原因主要在于型材和五金配件的不同而造成的价格差异。

（4）塑钢门窗使用的注意事项：应定期对门窗上的灰尘进行清洗，保持门窗及玻璃、五金件的清洁和光亮。如果门窗上污染了油渍等难以清洗的东西，可以用去污剂擦洗，而最好不要用强酸或强碱溶液进行清洗，这样不仅容易使型材表面光洁度受损，也会破坏五金件表面的保护膜和氧化层而引起五金件的锈蚀。

2. 断桥铝门窗

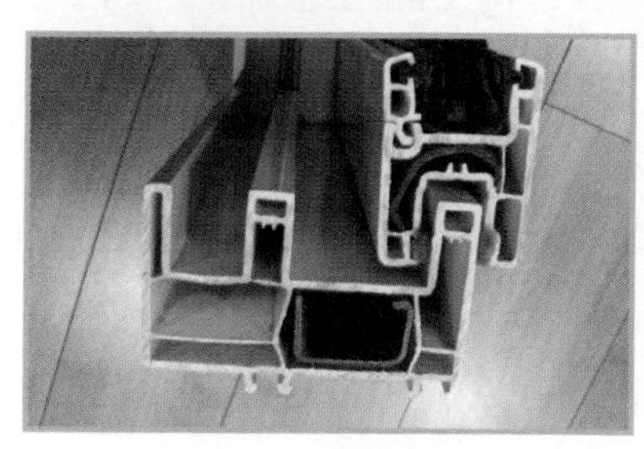
图4–8　断桥铝型材

断桥铝门窗，采用隔热断桥铝型材和中空玻璃，具有节能、隔声、防噪、防尘、防水等功能。断桥铝门窗的导热系数K值为3W/（m²·K）以下，比普通门窗热量散失减少一半，降低取暖费用30%左右，隔声量达29dB以上，水密性、气密性良好，均达国家A1类窗标准（图4–8）。

（1）断桥铝门窗的分类：按开启方式分为：固定窗、上悬窗、中悬窗、下悬窗、立转窗、平开门窗、滑轮平开窗、滑轮窗、平开下悬门窗、推拉门窗、推拉平开窗、折叠门、地弹簧门、提升推拉门、推拉折叠门、内倒侧滑门（图4–9）。

图4–9　平开窗

(2) 断桥铝门窗的品种与价格见表4–5。

表4–5　断桥铝门窗的参考价格

产品名称	备注	型号	参考价格/(元/m^2)
凤铝断桥铝门窗	隐形纱窗120元/个	55平开窗（中空）	340.00
凤铝断桥铝门窗	FAG双轴无声滑轮40元/个	固定窗（中空）	300.00
瑞达断桥铝门窗	国产平开传送器180元/套，进口诺托Roto 280元/套	推拉窗（中空）	480.00
瑞达断桥铝门窗	国产平开上悬传送器280元/套，进口诺托Roto 398元/套	推拉门（中空）	500.00
维尔斯断桥铝门窗	国产平开传送器180元/套，进口诺托Roto 280元/套	平开门（中空）	600.00
维尔斯断桥铝门窗	国产平开上悬传送器280元/套，进口诺托Roto 398元/套	平开窗（中空）	330.00

(3) **断桥铝门窗的挑选：**优质的铝合金门窗所用的铝型材厚度、强度和氧化膜等应符合国家的有关标准规定，窗非弹性装配结构壁厚在1.4mm以上，门非弹性装配结构壁厚在2.0mm以上。

优质的铝合金门窗，加工精细，安装讲究，密封性能好，开关自如。劣质的铝合金门窗，盲目选用铝型材系列和规格，粗制滥造，以锯切割代替铣加工，不按要求进行安装，密封性能差，开关不自如，不仅漏风漏雨，还会出现玻璃炸裂现象，而且遇到强风和外力，容易将推拉部分或玻璃刮落或碰落，毁物伤人。有些用壁厚仅0.6～0.8mm铝型材制作的铝合金门窗，抗拉强度和屈服强度大大低于国家有关标准规定，使用很不安全。

在一般情况下，优质铝合金门窗因生产成本高，价格比劣质铝合金门窗要高30%左右。

3. 型材门窗的施工要点

1）门窗安装必须牢固，预埋件的数量、位置、埋设连接方法必须符合设计要求，用于固定每根增强型钢的紧固件不得少于3个，其间距应不大于300mm，距型钢端头应不大于100mm；增强型钢、紧固件及五金件除不锈钢外，其表面均应经耐腐蚀镀膜处理。

2）门窗及玻璃的安装应在墙体湿作业法完工且硬化后进行，门窗应采用预留洞口法安装；当门窗安装时，其环境温度不宜低于5℃。

3）窗与墙体固定时，应先固定上框，后固定边框：混凝土洞口应采用射钉或塑料膨胀螺栓固定；砖墙洞口应采用塑料膨胀螺栓固定，并不得固定在砖缝处；设有预埋铁件的洞应采用焊接的方法固定，或先在预埋件上按紧固件规格打基孔，然后用紧固件固定。

三、窗帘布艺

窗帘具有遮光、防风、除尘、消声等实用性，不但可以保护隐私，调节光线和室内温度，采用较厚的呢、绒类布料的窗帘，还可吸收噪声，在一定程度上起到遮声防噪的效果。

1. 窗帘的种类

图4–10 新颖的款式

现代人更看重的是窗帘的色彩、图案等装饰效果。目前市场上的窗帘丰富多彩，有自然古朴的苇帘、木帘，也有历久弥新的布艺窗帘，以及最近几年出现的“智能化”遥控窗帘等。其中纯棉、亚麻、丝绸、羊毛质地的布艺窗帘价格较高。但不管是何种材质，新颖的款式和图案已成为决定消费者购买窗帘的重要因素（图4–10）。

经巧思安排，窗帘可以使狭长的窗户显得宽阔、使宽矮的窗户显得雅致，甚至形状不佳的窗户也可用美观而实用的窗帘加以掩饰。它是家居装饰的“点睛之笔”。或温馨或浪漫，或朴实或雍容。

（1）布帘、窗纱

1）布艺窗帘是一种较传统的窗帘。经过了多年的发展，仍是人们所喜爱的窗帘品种之一。通常情况下，布艺窗帘的遮光度不是很好，如有需要，可在布帘后加上遮光布，遮光度可达 90% 以上。布艺窗帘根据其面料、工艺不同可分为：印花布、染色布、色织布、提花布等（图4–11）。

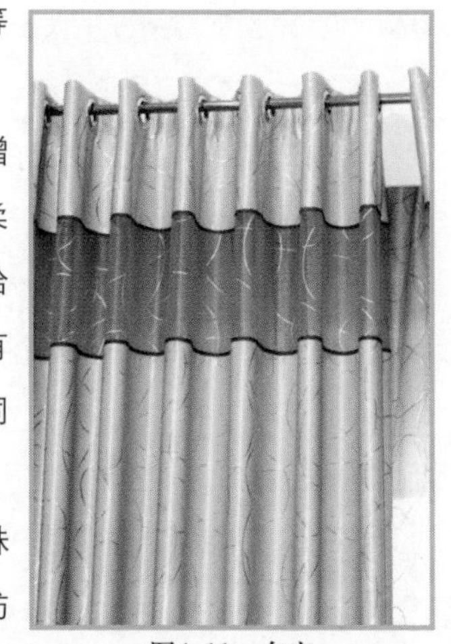

图4–11　布帘

2）与布艺窗帘布相伴的窗纱不仅给居室增添柔和、温馨、浪漫的氛围，而且具有采光柔和、透气通风的特性，可调节人们的心情，给人一种若隐若现的朦胧感。窗纱的面料材质有涤纶、仿真丝、麻或混纺织物等，可根据不同的需要任意搭配。

（2）卷帘：卷帘由质量优良、稳定性高的珠链式及自动式卷帘轨道系统，搭配多样化防水、防火、遮光、抗菌等多功能性卷帘布料而制成的。其原理是利用滚轴把布由顶部卷上，操作容易、方便更换及清洗，将繁琐的传统布帘简明化，是窗帘中最简约的款式。其优点是当卷帘收起时，遮挡窗口的位置较小，所以能让室内得到更大的空间感。卷帘有手拉和电动，并有多款布料可供选择（图4–12）。

图4–12　卷帘

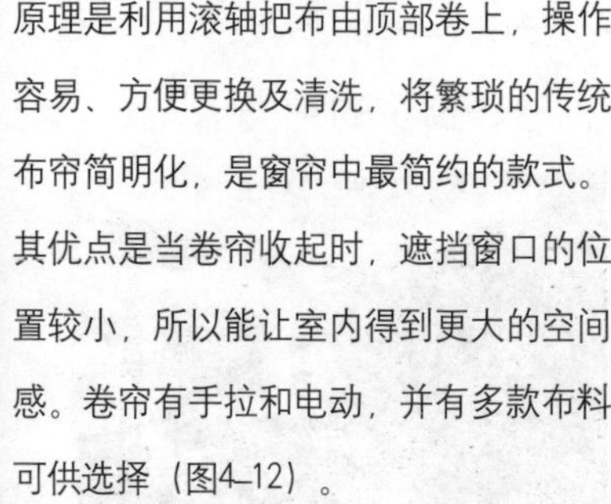

（3）百叶帘：百叶帘的使用比较广泛，应用在办公场所的比较多。百叶帘按安装方式可分为横式百叶帘和竖式百叶帘；以材质可分为亚麻、铝合金、塑料、木质、竹子、布质等，不同的材质有不同的风格特点，档次和价格高低也不相同。百叶帘的叶片宽窄也不等，从2～12cm都有（图4–13）。

图4–13　百叶帘

百叶帘的最大特点在于光线不同角度得到任意调节，使室内的自然光富有变化。铝合金百叶帘和塑料百叶帘上还可进行贴画处理，成为室内一道亮丽的风景。

（4）罗马帘：罗马帘是时下最畅销的一种窗帘。可以是单幅的折叠帘，也可以多幅并挂成为组合帘，一般质地的面料都可做罗马帘。它是一种上拉式的布艺窗帘，其特色是较传统两边开的布帘简约，所以能使室内空间感较大。当窗帘拉起时有层次，给窗户增添一份美感。如需遮挡光线，罗马帘背后亦可加上遮光布。这种窗帘装饰效果很好，华丽、漂亮、使用简便，但实用性则稍差一些（图4–14）。

图4–14　罗马帘

（5）垂直帘：垂直帘因其叶片一片片垂直悬挂于上轨，由此而得名。垂直帘可左右自由调光，达到遮阳目的。根据其材质不同，可分为铝质帘、PVC帘及人造纤维帘等。其叶片可180°旋转，随意调节室内光线。收拉自如，既可通风，又能遮阳，豪华气派，集实用性、时代感和艺术感于一体（图4–15）。

图4–15　垂直帘

（6）木竹帘：木竹帘给人古朴典雅的感觉，使空间充满书香气息。其收帘方式可选择折叠式（罗马帘）或前卷式，而木竹帘亦可加上不同款式的窗帘来陪衬。大多数的木竹帘都会使用防霉剂及清漆处理过，所以不必担心发霉虫蛀问题（图4–16）。

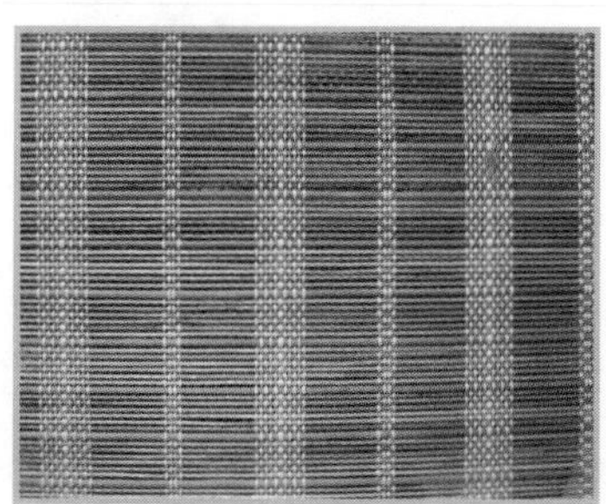
图4–16　木竹帘

木竹帘陈设在家居中能显出风格和品位来，它基本不透光但透气性较好，适用于纯自然风格的家居中。木竹帘的用木很讲究，所以价格偏高。

2. 窗帘的品种与价格（表4–6）

表4–6　窗帘的参考价格

产品名称	品牌	规格	参考价格
雅丝竹织帘	雅丝	P80	75元/m^2
雅丝竹织帘	雅丝	P81	80元/m^2
雅丝竹织帘	雅丝	P82	100元/m^2
乐思富百叶花纹色	乐思富	25mm	585元/m^2
乐思富百叶镭射色	乐思富	25mm	456元/m^2
乐思富百叶特殊色	乐思富	25mm	395元/m^2
乐思富百叶标准色	乐思富	25mm	288元/m^2
乐思富百叶特殊色	乐思富	16mm	463元/m^2
乐思富百叶标准色	乐思富	16mm	376元/m^2
名成铝百叶帘亚光全配色	名成	15mm	220元/m^2
名成铝百叶帘亚粉	名成	25mm	220元/m^2
名成铝百叶帘亚光	名成	25mm	188元/m^2
名成带上梁拉珠卷帘	名成	1.80m	178元/m^2
名成方形民用拉珠卷帘	名成	1.80m	142元/m^2

（续）

产品名称	品牌	规格	参考价格
名成卷帘钢拉珠	名成	2.00m	430元/m^2
名成卷帘钢拉珠全配色	名成	2.00m	152元/m^2
名成卷帘带上梁拉珠全配色	名成	2.00m	132元/m^2
丝络雅丝柔百叶标准型	丝络雅	标准	1723元/m^2
拜西菲柱双变径支架	拜西菲	D20mm/D25mm/D15mm	49.00元/个
拜西菲柱单支架	拜西菲	D25mm/ D35mm	39.50元/个
拜西菲铝合金双轨支架	拜西菲	D25mm/D25mm	41.00元/个
拜西菲铝合金单轨支架	拜西菲	D25mm	36.00元/个
本曼约银大球窗帘杆	本曼约	3.10m	362.00元/套
本曼约黑大球窗帘杆	本曼约	3.10m	342.00元/套
天日牌窗帘杆单轨	天日	3.50m	265.00元/套
天日牌窗帘杆单轨	天日	3.10m	235.00元/套
福乐嘉榉木单轨（白）	福乐嘉	3.40m	230.0元/套
福乐嘉榉木双轨（白）	福乐嘉	3.40m	415.00元/套
西尔柞木单轨窗帘杆（浅棕）	西尔	3.40m	246.00元/套
西尔柞木双轨窗帘杆（浅棕）	西尔	3.40m	448.00元/套

3. 窗帘的挑选

窗帘的挑选是室内装饰中的一个重要环节，窗帘选择的好坏直接影响到室内空间的整体效果。在选购时应注意以下几点。

图4–17　客厅择豪华、优美的面料

图4－18书房窗帘则要透光性能好

（1）根据不同空间的不同使用功能来选择，如保护隐私、利用光线、装饰墙面、隔声等。例如，浴室、厨房就要选择实用性较强，易洗涤，经得住蒸汽和油脂污染的布料；客厅、餐厅就应选择豪华、优美的面料（图4–17）；书房窗帘要透光性能好，明亮，如真丝窗帘（图4–18）；卧室的窗帘要求厚重、温馨、安全，如选背面有遮光涂层的面料。

（2）要符合室内的设计风格。因为窗帘的选择，设计风格是第一要素。

（3）颜色方面：窗帘的配色主要有白色、红色、绿色、黄色和蓝色等。选择花色时，除了根据个人对色彩图案的感觉和喜好外，还要注重与家居的格局和色彩相搭配。一般来讲，夏天宜用冷色窗帘，如白、蓝、绿等，使人感觉清净凉爽；冬天则换用棕、黄、红等暖色调的窗帘，看上去比较温暖亲切（图4–19）。

图4–19　暖色调的窗帘看上去比较温暖亲切

（4）图案方面：窗帘的图案同样对室内气氛有很大的影响，清新明快的田园风光使人心旷神怡，有返璞归真的感觉；颜色艳丽的单纯几何图案以及均衡图案给人以安定、平缓、和谐的感觉，比较适用于现代感较强、墙面洁净的起居室中。儿童居室中则较多地采用有动物变形装饰图案。

另外，布料的选择还取决于房间对光线的需求量，要求光线充足，可以选择薄纱、薄棉或丝质的布料；而如果房间光线过于充足，就应当选择稍厚的羊毛混纺或织锦缎来做窗帘，以抵挡强光照射；如果房间对光线的要求不是十分严格，一般选用素面印花棉质或者麻质布料最好。

（5）重视窗帘轨的选择。目前市场上出售的窗帘轨多种多样，多为铝合金材料制成，其强度高、硬度好、寿命长。结构上分为单轨和双轨，造型上以全开放式倒“T”形的简易窗轨和半封闭式内含滑轮的窗轨为主。

无论何种样式，都要保证使用安全、启合便利，选择关键是看材质的厚薄，包括安装码与滑轮以及两端封盖的质量。窗帘轨表面工艺精致美观的产品，往往采用了先进的喷涂、电泳技术。同时近几年出现的新型材料，可以根据实际需求，选择低噪声或无声的窗轨。

第5章 厨房材料

一、厨房电器

1．抽油烟机

要保持厨房洁净，适合的抽油烟机必不可少。由于我国特有的烹饪方式，使得人们在对抽油烟机的选择上尤为挑剔，既要满足功能实用、效果美观，又要和整个厨房的风格相搭配。

（1）抽油烟机的种类：目前市场上的抽油烟机有薄型机、深型机和柜式机三种类型：

1）薄型机：重量轻、体积小、易悬挂，但其薄型的设计和较低的电动机功率，使相当一部分烹饪油烟不能被吸入抽吸范围，排烟率明显低于其他两类机型（图5–1）。

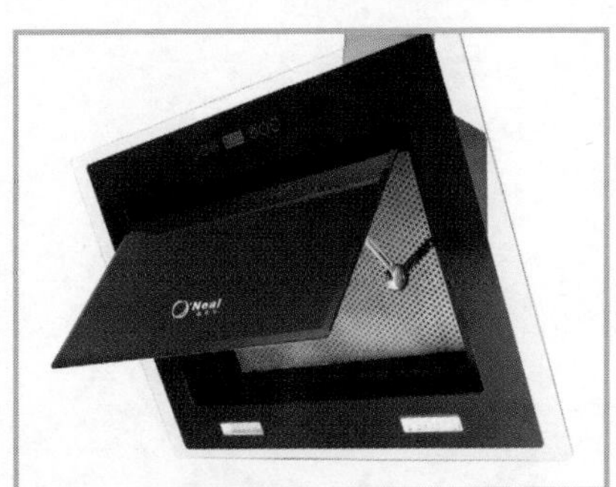

图5–1 薄型机

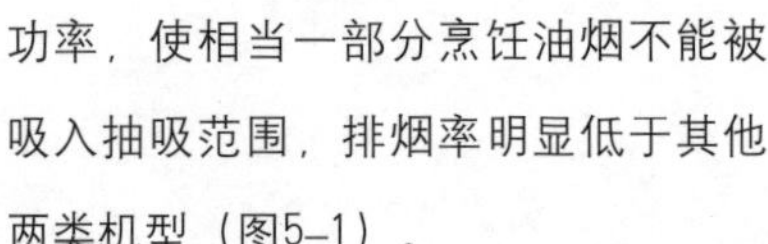

2）深型机：外形流畅美观，排烟率高，已成为消费者购买抽油烟机时的首选机型。深型抽油烟机的外罩能最大限度地抽吸烹饪油烟，便于安装功率强劲的电动机，这使得油烟机的吸烟率大大提高。但深型抽油烟机由于体积较大较重，悬挂时要求厨房墙体具有一定厚度和稳固性（图5–2）。

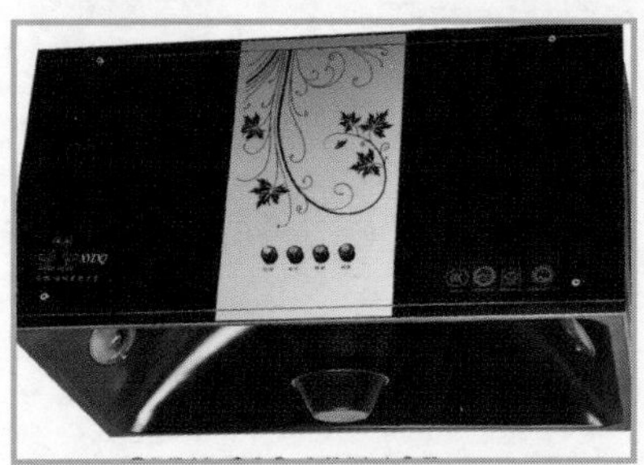

图5–2 深型机

3）柜式机：由排烟柜和专用抽油烟机组成，排烟柜呈锥形，当风机开动后，柜内成为负压区，外部空气向内部补充，排烟柜前面的开口就形成一个进风口，油烟及其他废气无法逃出，确保了油烟和氮氧化物的抽净率。柜式抽油烟机吸烟率高，不用悬挂，不存在钻孔、安装的问题。但是，由于左右挡板的限制，使操作者在烹饪时有些局限和不便。

以上三种类型的抽油烟机在技术条件相同的情况下，油烟抽净率为：薄型机在40%左右，深型机在50%～60%，柜式机大于95%。

（2）抽油烟机的品种与价格见表5–1。

表5–1　抽油烟机的参考价格

产品名称	品牌	规格型号	材质	参考价格/(元/台)
方太欧式平板油烟机	方太	CXW–189–D5BH	不锈钢＋玻璃	1999.00
方太欧式平板油烟机	方太	CXW–189–D8BH	不锈钢＋玻璃	3288.00
老板平板式油烟机	老板	CXW–200–8306TB	不锈钢	4888.00
老板平板式油烟机	老板	CXW–200–736TB	不锈钢	4366.00
老板平板式油烟机	老板	CXW–200–728TB	不锈钢＋玻璃	3588.00
帅康欧式油烟机	帅康	CXW–200–T398Q	不锈钢	4866.00
帅康欧式油烟机	帅康	CXW–200–T299	不锈钢	3188.00
帅康欧式油烟机	帅康	CXW–200–TA6II	不锈钢＋玻璃	2699.00
普田平板式油烟机	普田	CXW–218–33	不锈钢	2380.00
普田平板式油烟机	普田	CXW–218–31	不锈钢	1480.00
帅康深罩型油烟机	帅康	CXW–200–MD65Q	钢	2258.00

（续）

产品名称	品牌	规格型号	材质	参考价格/（元/台）
帅康深罩型油烟机	帅康	CXW-200-M316Q	不锈钢	1488.00
帅康深罩型油烟机	帅康	CXW-200-M315	钢	888.00
方太深罩型烟机	方太	CXW-189-S5L	钢	1988.00
方太深罩型烟机	方太	CXW-199-ST02	钢	1688.00
松下深罩型烟机	松下	FV-75HDS1C	不锈钢	2150.00
松下深罩型烟机	松下	75HD2C	钢	1780.00
松下深罩型烟机	松下	FV-75HG3C	不锈钢	999.00
老板深罩型烟机	老板	CXW-200-235TB	不锈钢	3755.00
老板深罩型烟机	老板	CXW-185-339TB	不锈钢	2550.00
老板深罩型烟机	老板	CXW-185-3002T	不锈钢	1788.00

（3）抽油烟机的挑选：选购抽油烟机时要考虑到安全性、噪声、风量、主电动机功率、类型、外观、占用空间、操作方便性、售价及售后服务等。一般来讲，通过长城认证的抽油烟机，其安全性更可靠，质量有保证。噪声方面，国家标准规定抽油烟机的噪声不超过65～68dB。另一种要素是抽排效率。只有保持高于180Pa的风压，才能形成一定距离的气流循环。风压大小取决于叶轮的结构设计，一般抽油烟机的叶轮多采用涡流喷射式。

另外，一些小厂家为了降低成本，将风机的涡轮扇页改成塑料的。在厨房这样的环境中，塑料涡轮扇页容易老化变形、也不便清洗，所以用户应尽可能选购金属涡轮扇页的抽油烟机。

2. 燃气灶

燃气灶是人们日常生活的必备用品，既要美观、实用，又要安全、可靠。

(1) 燃气灶的分类

1）台式燃气灶：台式燃气灶又分为单眼和双眼两种，由于台式燃气灶具有设计简单、功能齐全、摆放方便、可移动性强等优点，因此受到大多数家庭的喜爱。但是在农村居民家庭，尤其是南方的农村居民家庭，台式单眼灶更受欢迎图5–3）。

图5–3　台式燃气灶

2）嵌入式燃气灶：嵌入式是将橱柜台面做成凹字形，正好可嵌入煤气灶，灶柜与橱柜台面形成一平面。嵌入式燃气灶从面板材质上分为不锈钢、搪瓷、玻璃以及特氟隆（不沾油）四种。由于嵌入式灶具美观、节省空间、易清洗，使厨房显得更加和谐和完整，更方便了与其他厨具的配套设计，营造了完美的厨房环境，因此，受到了广大消费者的喜爱。很多家庭在装修新房时都选用了这种类型的燃气灶具（图5–4）。

图5–4　嵌入式燃气灶

嵌入式灶具可分为下进风、上进风、后进风三种。

①下进风型：这种灶具增大了热负荷及燃烧器，但要求橱柜开孔或依靠较大的橱柜缝隙来补充燃料所需的空气，同时利于泄漏燃气的排出。国内用户很少将橱柜开孔，因而造成燃烧不充分，黄焰，一氧化碳浓度高，一旦燃气泄漏量较大，可能会造成点火爆燃，并导致玻璃类灶台面板爆裂。这种产品的燃烧值很难满足国家标准。

②上进风型：这种灶具改进了下进风型灶具的缺点，将炉头抬高超过台面，目的是使空气能够从炉头与承液盘的缝隙进入。但仍然没能解决黄焰及一氧化碳浓度偏高的问题。

③后进风型：这种灶具在面板的低温区装有一个进风器，以解决黄焰问题和降低一氧化碳浓度，泄漏的燃气也可以从这个进气口排出去，即使燃气泄漏出现点火爆燃，气流也可以从进风器尽快排放出去，迅速降低内压，避免台面板爆裂。

(2) 燃气灶的品种与价格见表5-2。

表5-2　燃气灶的参考价格

产品名称	品牌	规格型号	材质	参考价格/(元/台)
老板内嵌式燃气灶	老板	700mm×395mm×150mm	不锈钢	968.00
老板内嵌式燃气灶	老板	290mm×510mm×100mm	拉丝不锈钢	1566.00
老板内嵌式燃气灶	老板	740mm×440mm×150mm	拉丝不锈钢	1788.00
老板内嵌式燃气灶	老板	760mm×410mm×150mm	陶瓷面板	2188.00
普田内嵌式燃气灶	普田	JZ.2-Q202J	不锈钢	1250.00
普田内嵌式燃气灶	普田	Q202C	不锈钢	1350.00
普田内嵌式燃气灶	普田	Q202A	不锈钢	1560.00
伊莱克斯燃气灶	伊莱克斯	JZ20Y.2-EQ26X	不锈钢	1366.00
亿田燃气灶(带盖灶)	亿田	JZT3-2000B1XF	不锈钢	1666.00
方太燃气灶	方太	JZY.2-HQ5G	不锈钢	1860.00
方太燃气灶	方太	JZT.3-FR05	不锈钢	2499.00

（续）

产品名称	品牌	规格型号	材质	参考价格/（元/台）
方太燃气灶	方太	JZY/T/R.2-FZG	不锈钢	988.00
帅康燃气灶	帅康	QAS-98-G5	钢化玻璃	1488.00
帅康燃气灶	帅康	QAS-98-G6	钢化玻璃	1788
帅康燃气灶	帅康	QDS-98-L5	不锈钢	2166.00
松下燃气灶	松下	GE-215FCB	钢	1350.00
松下燃气灶	松下	213SCS	不锈钢	1480.00
松下燃气灶	松下	GE-212CWA	彩陶	1660.00
得力燃气灶	得力	JZ-230A	不锈钢	1680.00
得力燃气灶	得力	JZ-621	不锈钢	1980.00
SMEG 燃气灶	SMEG	SRV573X	不锈钢	3800.00
SMEG 燃气灶	SMEG	SRV572X	不锈钢	3999.00

（3）燃气灶的挑选

1）在选购之前必须清楚自己所居住地区究竟使用哪一种燃气：我国城市燃气主要分为三大类：人工煤气、天然气和液化石油气。燃气灶产品按照使用气源不同也分为相应的三大类，在购买时不要选错。

2）可通过观察产品包装和外观来大致辨别产品质量：通常情况下优质燃气灶产品其外包装材料应结实，说明书与合格证等附件齐全，印刷内容清晰。燃气灶外观应美观大方，机体各处无碰撞现象，一些以铸铁、钢板等材料制作的产品表面喷漆应均匀平整，无起泡或脱落现象。燃气灶的整体结构应稳定可靠，灶面要光滑平整，无明显翘曲，零部件的安装要牢固可靠，不能有松脱现象。

3）燃气灶的开关旋钮、喷嘴及点火装置的安装位置必须准确无误：通气点火时，应基本每次点火都可使燃气点燃起火（起动10次至少应有8次可点燃火焰），点火后4s内火焰应燃遍全部火孔，利用电子点火器进行点火时，人体在接触灶体的各金属部件时，无触电感觉。火焰燃烧时应均匀稳定呈青蓝色，无黄火、红火现象。

4）注意燃烧方式：燃气灶具按照燃烧器划分为直火燃烧及旋转火燃烧。通常，旋转火燃烧热效率较高，火力较集中，适合于爆炒。但随热负荷的增大，旋转火的烟气易超标，而直火燃烧火力较均匀，烟气一般不易超标。

5）要注意燃气灶必须有的熄火保护安全装置，当灶头上的火被煮沸的水浇灭时，灶具应自动切断气源，以免造成难以预料的危险。从工作原理上分为两种：热电偶和自吸式电磁阀。热电偶是温度感应装置，其反应较慢，而电磁阀反应灵敏，但较为耗电。消费者在购买时一定要注意这一点。

6）买大厂家、大品牌的成熟产品。名牌质量方面的隐患可以少一点，不要随意购买那些杂牌灶具，以免购买后使用过程中出现故障，不但可能无处维修，还会造成危险和损失。

3. 消毒柜

随着人们生活水平的不断提高，对生活的质量也有了新的要求。消毒柜的消毒功能越来越被人们所重视，它已逐渐成为现代居室生活健康的重要电器之一（图5–5）。

图5–5 消毒柜

（1）消毒柜的种类：市场上销售的消毒柜品种很多，人们熟知的是高温消毒和紫外线消毒，但要注意的是，并不是所有发紫色光的灯都具有超强的杀菌力。目前得到世界认可且广泛使用在医学上消毒的是蓝波（紫外线）灯，但蓝波灯管的消毒柜在市场上售价都较高。

用远红外线消毒时，消毒柜的温度必须达到125℃，而且持续保持15min，才能把对人体有害的大肠杆菌及肝炎病毒等杀死。远红外线消毒柜杀菌效果不错，但温度控制难掌握。如果温度过高或时间过长，容易损坏塑料餐具；如果温度过低或时间太短，则不能彻底消毒。

目前市场上有许多化学、光学方式杀菌的消毒柜可选择，如臭氧消毒柜，它消毒时温度较低（不超过70℃），消毒后餐具可立即取用（不烫手），也不会损坏餐具。但臭氧功能虽然可以利用高压无声放电装置产生臭氧分子，通过臭氧分子还原成氧分子所产生的强氧化作用产生一定的杀菌功能，但臭氧并不能彻底消毒。比较客观地说，目前的臭氧消毒柜只能起到保洁作用。

（2）消毒柜的品种与价格见表5–3。

表5–3　消毒柜的参考价格

产品名称	品牌	规格型号	参考价格/(元/台)
百信消毒碗柜	百信	SGD–50	1050.00
百信消毒碗柜	百信	SGD–55	1198.00
百信钛金消毒柜	百信	SGD–100A1钛金	1800.00
百信消毒柜	百信	SGD–105	2180.00
德意消毒柜	德意	608	1000.00
老板消毒柜	老板	ZTD95A–105A	2266.00
老板消毒柜	老板	QX–90LA(T)	2866.00
老板消毒柜	老板	QX–115LA	3356.00

（续）

产品名称	品牌	规格型号	参考价格/（元/台）
老板消毒柜	老板	ZTD95B-105C	3666.00
普田消毒柜	普田	ZGD70H	1266.00
普田消毒柜	普田	ZTD75E	1888.00
雅佳嵌入式消毒柜	雅佳	ZQD90-YJ01	1833.00
雅佳嵌入式消毒柜	雅佳	ZQD90-YJ02	2055.00
雅佳嵌入式消毒柜	雅佳	ZQD90-ZJ02	2766.00

图5-6　容积55L消毒柜

（3）**消毒柜的挑选**：选购时，要按照家庭人员的数量来选择。太大不仅占地方，还比较耗电。一般五口之家，容积40～70L的就够用。其次摆放的空间也是个需要注意的问题，要看消毒柜的尺寸大小是否合适摆放的空间（图5-6）。

挑选产品时要注意以下几点：

1）外观应平整光滑，不能有裂纹和凹凸。

2）机体内各部件如电热管、臭氧发生器等应安装牢固，柜门应开关灵活，控制键也要接触可靠。

3）依说明书通电试用。产品合格证，使用说明书和其他附件要齐全，不能有缺漏。

二、厨房五金

1．拉手

拉手是安装在门窗或抽屉上便于用手开关的木条或金属物等拉或操纵（开，关，吊）的用具（图5-7）。

图5-7　拉手

（1）**拉手的种类**：拉手是富有变化的，虽然功能是单一的，但却因为外形上的特色让人怦然心动。现在的拉手已经摆脱了过去单纯的不锈钢色，黑色、古铜色、光铬等，目前拉手的材料有锌合金、铜、铝、不锈钢、塑胶、原木、陶瓷等。颜色形状各式各样。目前以直线形的简约风格、粗犷的欧洲风格的铝材拉手比较畅销，长度从35～420mm都有，甚至更长。有的拉手还做成卡通动物模样。近年来，又新推出了水晶拉手、铸铜钛金拉手、镶钻镶石拉手等。目前市场上拉手的进口品牌主要是产自德国、意大利（图5–8）。

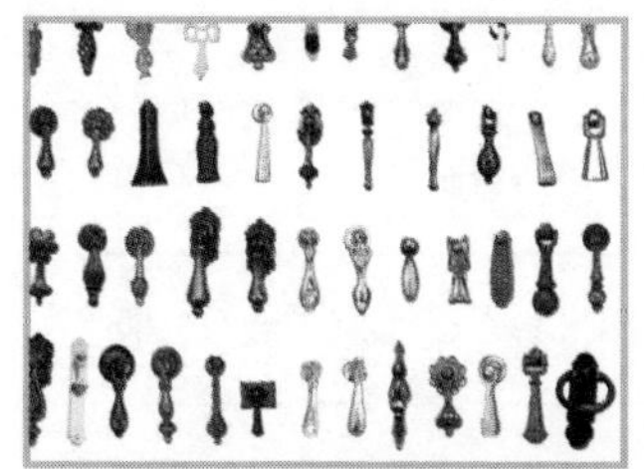

图5–8　拉手的种类

（2）**拉手的品种与价格见表5–4。**

表5–4　拉手的参考价格

产品名称	品牌	规格型号	材质	参考价格/（元/个）
樱花珍珠叻拉手	樱花	S9522/S	锌合金	45.00
樱花沙钢拉手	樱花	SK701	锌合金	42.00
樱花雾白铬拉手	樱花	S8100/192	锌合金	28.00
樱花亚白木拉手	樱花	SK010/128	木+锌合金	13.00
樱花沙白/铬拉手	樱花	SK010/384	锌合金	38.00
樱花沙白/银拉手	樱花	SK002/192	锌合金	20.00
樱花不锈钢叻拉手	樱花	S8011/128	不锈钢	25.00
樱花不锈钢金拉手	樱花	S9894/96	不锈钢	19.00
樱花红古铜拉手	樱花	S8304/L	铜	18.00

（续）

产品名称	品牌	规格型号	材质	参考价格/（元/个）
志诚银色拉手	志诚	320mm	锌合金	23.00
志诚银铬拉手	志诚	224mm	锌合金	14.00
志诚沙兰/铬拉手	志诚	160mm	锌合金	15.00
志诚铝银/铬拉手	志诚	160mm	锌合金	14.00
志诚不锈钢拉手	志诚	160mm	不锈钢	14.00
志诚玛瑙金拉手	志诚	23696	亚克力+锌合金	21.00
志诚泡杆/铬拉手	志诚	34312128	亚克力+铜	20.00
志诚青古铜拉手	志诚	T6L	锌合金	13.00
小骑兵拉手	小骑兵	3264BU	锌合金	2.00
小骑兵拉手	小骑兵	Z11196MSN	锌合金	5.40
小骑兵高尔夫球拉手	小骑兵	69138	塑钢	5.60
小骑兵橄榄球拉手	小骑兵	69238	塑钢	7.00
小骑兵篮球拉手	小骑兵	6529	塑钢	4.90
小骑兵胡桃木拉手	小骑兵	04160	锌合金	11.00
百式可拉手	百式可	33854-06	陶瓷	4.00
百式可拉手	百式可	33114-3	陶瓷	4.50

（续）

产品名称	品牌	规格型号	材质	参考价格/(元/个)
百式可拉手	百式可	38026	锌合金	7.60
百式可拉手	百式可	42203-200	锌合金	14.00

(3) **拉手的挑选**：选购时主要是看外观是否有缺陷、电镀光泽如何、手感是否光滑等。要根据自己喜欢的颜色和款式，配合家具的式样和颜色，选一些款式新颖、颜色搭配流行的拉手。此外，拉手还应能承受较大的拉力，一般拉手应能承受6kg以上的拉力。

2. 合页

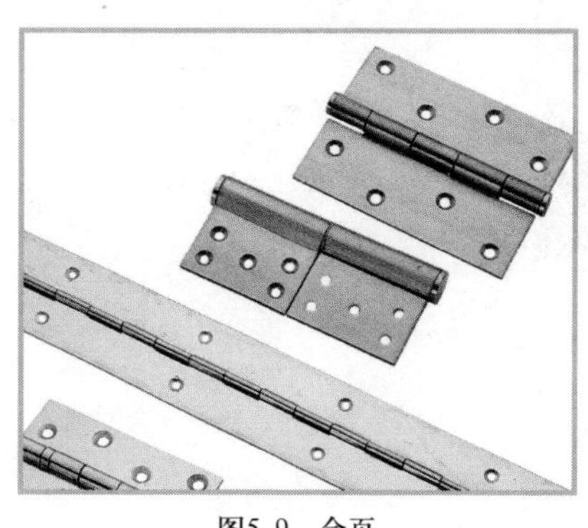
图5-9　合页

合页是连接家具两个部分并能使之活动的金属件。目前普通合页的材料主要为铜和不锈钢两种。单片合页面积标准为100mm×30mm和100mm×40mm，中轴直径在11～13mm之间，合页板厚为2.5～3mm，选合页时为了开启轻松且噪声小，应选合页中轴内含滚珠轴承的为佳（图5-9）。

(1) **合页的种类**：合页的种类很多，针对门的不同材质、不同开启方法、不同尺寸等会有相适应的合页。合页使用的正确与否决定了门能否正常地使用，合页的大小、宽窄与使用数量的多少同门的重量、材质、门板的宽窄程度有着密切的关系。

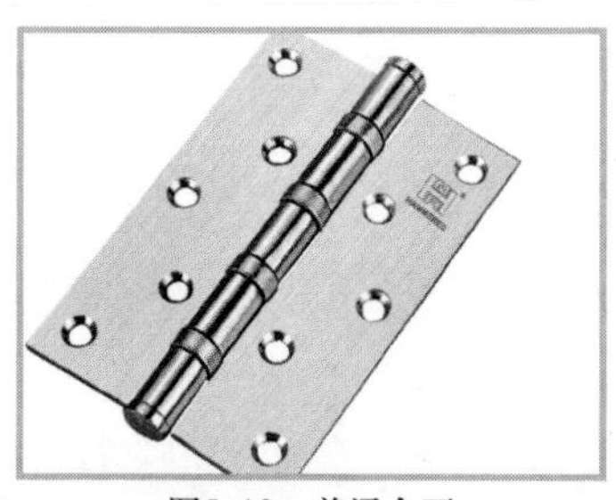
图5-10　普通合页

1）普通合页：合页一边固定在框架上，另一边固定在门扇上，转动开启，是目前应用最多的一种合页（图5-10）。

2）轻型合页：特点与普通合页一样，但合页板比普通合页薄而窄些，主要考虑到一些轻型的门窗或家具用普通合页会浪费而开发的产品（图5–11）。

图5–11 轻型合页

3）抽芯合页：抽芯合页的轴心（销子）可以随意抽出。抽出后，门板或窗扇可以取下，但合页板仍保留在门板或窗扇上，便于擦洗或翻新（图5–12）。

图5－12抽芯合页

4）方合页：特点与普通合页一样，但合页板比普通合页宽而厚些。原因是一些重型的门窗或家具用普通合页会受力不足造成损坏，而方合页正好可以避免这一情况的发生。

5）H形合页：H形合页属于抽芯合页的一种，其中松开其中一片合页板可以直接取下。但使用起来不如抽芯合页方便。

6）T形合页：结构结实，受力大。适用于较宽较重的门板或窗扇。

7）无声合页：无声合页又称尼龙垫圈合页。门窗开关时，合页本身不发出声音。属于绿色环保类的合页产品。

8）多功能合页：当开启角度小于75°时，具有自动关闭功能，在75°～90°角位置时，自行稳定，大于95°的则自动定位。

9）扇形合页：扇形合页的两个页板叠加起来的厚度比一般合页板的厚度薄一半左右，适用于任何需要转动启闭的门窗上。

图5-13　烟斗合页

10）烟斗合页：烟斗合页又叫弹簧铰链，分为脱卸式和非脱卸式两种，它的特点是可根据空间，配合柜门开启角度。主要用于家具门板的连接。材质有镀锌铁、锌合金等。挑选铰链除了目测、手感铰链表面平整顺滑外，应注意铰链弹簧的复位性能要好，可将铰链打开95°，用手将铰链两边用力按压，观察支撑弹簧片不变形、不折断，十分坚固的为质量合格产品（图5-13）。

11）其他合页：有纱门弹簧合页、轴承合页（铜质）、斜面脱卸合页、冷库门合页、单旗合页、翻窗合页、防盗合页、弹簧合页、玻璃合页、台面合页、升降合页、液压气动支撑臂、不锈钢滑撑铰链等。

（2）合页的品种与价格见表5-5。

表5-5　合页的参考价格

产品名称	品牌	规格型号/mm	材质	参考价格
海福乐铜拉丝合页	海福乐	40×30×3	铜	83.00元/付
海福乐青古铜合页	海福乐	40×30×3	铜	94.50元/付
海福乐铜抛光合页	海福乐	40×30×3	铜抛光	85.00元/付
海福乐不锈钢亚光合页	海福乐	40×30×3	不锈钢	83.80元/付
京斯信铝色双面自关合页	京斯信	70×30×4	金属	135.00元/付
京斯信沙金铜单面自关合页	京斯信	70×30×4	铜	80.00元/付
京斯信二代拉丝镍合页	京斯信	50×30×3	铜	87.00元/付

（续）

产品名称	品牌	规格型号	材质	参考价格
京斯信二代不锈钢合页	京斯信	50×30×3	不锈钢	56.00元/付
顶固银白合页	顶固	100×30×3	铜	165.00元/付
顶固不锈钢合页	顶固	100×30×2.5	不锈钢	66.00元/付
顶固铜合页	顶固	100×30×3	铜	94.00元/付
海蒂诗快装全盖铰链	海蒂诗	标准	钢	175.00元/袋
海蒂诗插座铰链	海蒂诗	标准	钢	140.00元/袋
海蒂诗大角全盖铰链	海蒂诗	标准	钢	53.00元/个
海蒂诗内置玻璃小铰链	海蒂诗	标准	钢+玻璃	27.00元/个
海蒂诗弹簧内侧铰链	海蒂诗	标准	钢	24.00元/个
海蒂诗全金属弹簧铰链	海蒂诗	标准	钢	18.00元/个
BOSS全盖快装铰链	BOSS	标准	金属	12.00元/付
BOSS半盖快装铰链	BOSS	标准	金属	10.00元/付
BT牌全盖铰链10只装	BT	标准	金属	35.00元/袋
BT牌半盖铰链10只装	BT	标准	金属	32.00元/袋

（3）**合页的挑选：**在市面上，大多数劣质合页都是用的铁为材质，厚度不足3mm，一般表面都比较粗糙、镀层不均、有杂质、有的长短不一，孔位、

孔距等偏差，不符合装修要求。而且，普通合页的缺点是不具有弹簧铰链的功能，安装合页后必须再装上各种碰珠，否则会吹动门板。

优质的合页采用的材质是304不锈钢，足足达3mm的厚度。色彩均匀、加工精致，掂在手里能明显感觉到较重、厚实，合页翻转灵活，没有“停滞”的现象，手感细腻，边角无刃口。

合页的核心是轴承，顺畅度、舒适度和耐用度都是由轴承来决定的。劣质合页的轴承是由薄钢片制成的，不经久耐用，容易锈蚀，用久了开关门会发出“咯吱”的响声。而优质的合页轴承都是不锈钢材质，并且内附全钢精密滚珠，真正的滚珠轴承，承重和手感都达到国际标准，保障了开门的灵活度、顺畅度，主要是寂静无声。

(4) 合页的施工要点

1）安装前，应核对合页与门窗框、扇是否匹配。

2）检查合页槽与合页高、宽、厚是否匹配。

3）检查合页与其连接的螺钉、紧固件是否配套。

4）铰链的连接方式应与框、扇的材质相匹配，如钢框木门所用的合页，与钢框连接的一侧为焊接，与木门扇连接的一侧则为木螺钉固定。

5）在合页的两片页板不对称的情况下，应辨别哪一页板应与扇相连，哪一页板应与门窗框相连，与轴三段相连的一侧应与框固定，与轴两段相连的一侧应与框固定。

6）安装时，应保证同一扇上的合页的轴在同一铅垂线上，以免门窗扇弹翘。

第6章 卫浴材料

一、卫浴洁具

1. 面盆

图6–1　面盆

面盆又叫洗面盆。选择一款美观实用的洗面盆，能让使用者的心情愉悦而自信（图6–1）。

(1) 面盆的种类：传统的洗面盆只注重实用性，而现在流行的洗面盆更加注重外形、摆放，其种类、款式和造型都非常丰富（表6–1）。一般分为台式面盆、立柱式面盆和挂式面盆三种。台式面盆又有台上盆、上嵌盆、下嵌盆及半嵌盆之分；立柱式面盆又可分为立柱盆及半柱盆两种。从形式上分为圆形、椭圆形、长方形、多边形等。从风格上分为优雅形、简洁形、古典形和现代形等（图6–2～图6–5）。

图6–2　台上盆

图6–3　上嵌盆

图6–4　立柱盆

图6–5　挂式面盆

表6–1　常用面盆的种类及特点

种类	特点
立柱式面盆	立柱式面盆比较适合于面积偏小或使用率不是很高的卫生间（比如客卫），一般来说立柱式面盆大多设计很简洁，由于可以将排水组件隐藏到主盆的柱中，因而给人以干净、整洁的外观感受，而且，在洗手的时候，人体可以自然地站立在盆前，从而使用起来更加方便、舒适

（续）

种类	特点
台式面盆	台式面盆比较适合安装于面积比较大的卫生间，可用天然石材或人造石材的台面与之配合使用，还可以在台面下定做浴室柜，盛装卫浴用品，美观实用
台上盆	台上盆的安装比较简单，只需按安装图在台面预定位置开孔，后将盆放置于孔中，用玻璃胶将缝隙填实即可。使用时台面的水不会顺缝隙下流。因为台上盆可以在造型、风格多样，且装修效果比较理想，所以在家庭中使用得比较多
台下盆	台下盆对安装工艺的要求较高：首先需按台下盆的尺寸定做台下盆安装托架，然后再将台下盆安装在预定位置，固定好支架再将已开好孔的台面盖在台下盆上固定在墙上，一般选用角钢托住台面然后与墙体固定。台下盆的整体外观整洁，比较容易打理，所以在公共场所使用较多。但是盆与台面的接合处就比较容易藏污纳垢，不易清洁

（2）面盆的品种与价格见表6–2。

表6–2 面盆的参考价格

产品名称	品牌	规格型号	材质	参考价格/(元/套)
科勒台上盆	科勒	K–2950–1/8	铸铁	1384.00
科勒台上盆	科勒	K–2187–8–0	釉面陶瓷	425.00
科勒台上盆	科勒	K–8746–1–0	釉面陶瓷	785.00
科勒台上盆	科勒	K–2200–G	釉面陶瓷	1466.00
科勒芬乐尔系列修边式台上盆	科勒	K–2186–4	釉面陶瓷	1256.00
TOTO碗式洗面盆	TOTO	LW528B	陶瓷	860.00
TOTO台上盆	TOTO	LW910CFB	陶瓷	769.00
TOTO台上盆	TOTO	LW986CFB	陶瓷	725.00

（续）

产品名称	品牌	规格型号	材质	参考价格/(元/套)
美标欧泊椭圆碗盆	美标	CPF608.000	陶瓷	1280.00
美标方碗盆	美标	CP-F606.000	陶瓷	742.00
美标美漫特台上盆	美标	CP-F488	陶瓷	625.00
美标汤尼克碗盆	美标	CP-F467	陶瓷	810.00
美标阿卡西亚单孔碗盆	美标	CP-F489	陶瓷	896.00
箭牌台上盆	箭牌	AP-430	瓷质陶瓷	372.00
箭牌台上盆	箭牌	AP-404	瓷质陶瓷	252.00
箭牌台上盆	箭牌	AP-427	瓷质陶瓷	205.00
科勒温蒂斯系列台下盆	科勒	K-2240	釉面陶瓷	625.00
科勒利尼亚系列台下盆	科勒	K-2219	釉面陶瓷	800.00
科勒卡斯登系列台下盆	科勒	K-2210	釉面陶瓷	315.00
TOTO台下盆	TOTO	LW581CB	陶瓷	555.00
TOTO台下盆	TOTO	LW581CFB	陶瓷	628.00
TOTO台下盆	TOTO	LW537B	陶瓷	288.00
TOTO台下盆	TOTO	LW548B	陶瓷	408.00
美标前溢水孔台下盆	美标	CP-0488	陶瓷	370.00

（续）

产品名称	品牌	规格型号	材质	参考价格/（元/套）
美标迈阿密台下盆	美标	CP-0435	陶瓷	768.00
美标莉兰台下盆	美标	CP-0437	陶瓷	386.00
美标维多利亚台下盆	美标	CP-0433	陶瓷	425.00
箭牌台下盆	箭牌	AP-416	瓷质陶瓷	398.00
箭牌台下盆	箭牌	AP-418	瓷质陶瓷	298.00
斯洛美台下盆	斯洛美	SD-712	陶瓷	178.00
斯洛美台下盆	斯洛美	SD-752	陶瓷	345.00
斯洛美台下盆	斯洛美	SD-730	陶瓷	258.00
科勒梅玛系列柱盆	科勒	K-2238-4	陶瓷	1438.00
科勒佩斯格系列柱盆	科勒	K-8747-1/8	陶瓷	1598.00
科勒富丽奥系列柱盆	科勒	K-2017-4	釉面陶瓷	725.00
科勒柏丽诗系列柱盆	科勒	K-8715-1	釉面陶瓷	845.00
美标汤尼克柱盆	美标	CP-FK66	陶瓷	822.00
美标美漫特柱盆	美标	CP-FK88	陶瓷	1050.00
美标三孔八寸柱盆	美标	CP-F078	陶瓷	1288.00
美标金玛柱盆	美标	CP-0590.004	陶瓷	788.00

（续）

产品名称	品牌	规格型号	材质	参考价格/（元/套）
箭牌柱盆	箭牌	AP308/908+A1223L	瓷质陶瓷+铜	555.00
箭牌柱盆	箭牌	AP322C/AL910	瓷质陶瓷	488.00
箭牌柱盆	箭牌	AP-319B/901	瓷质陶瓷	368.00
美标汤尼克半挂盆	美标	CP-F067	陶瓷	899.00
美标阿卡西亚半挂盆	美标	CF-F072.001	陶瓷	999.00
澳斯曼带不锈钢架挂盆	澳斯曼	AS-1613	陶瓷＋不锈钢	1799.00

（3）**面盆的挑选：**市场上销售的大多是陶瓷面盆，一款好的陶瓷面盆是由它的制作工艺所决定的，经过高温烧制的陶瓷面盆的抗污能力比经低温烧制的好得多。另外，陶瓷面盆釉面的好坏直接关系到日后的使用效果，釉面好的面盆不易沾染污渍、清洗方便、常用如新。具体选购的方法是：逆光观察陶瓷的釉面是否光亮、平滑、无气泡、无针孔、无色斑、反光能力强等；还可用手触摸，如果手感平整、细腻，敲击声音清脆则说明是好的陶瓷面盆。

2．坐便器

图6-6 坐便器

坐便器又称为抽水马桶，是取代传统蹲便器的一种新型洁具（图6-6）。

（1）**坐便器的种类：**坐便器按冲水方式来看，大致可分为冲落式（普通冲水）和虹吸式（图6-7），而虹吸式又分为冲落式、旋涡式、喷射式等。

图6-7 虹吸式

虹吸式与普通冲水方式的不同之处在于它一边冲水，一边通过特殊的弯曲管道达到虹吸作用，将污物迅速排出。虹吸漩涡式和喷射式设有专用进水通道，水箱的水在水平面下流入坐便器，从而消除水箱进水时管道内冲击空气和落水时产生的噪声，具有良好的静音效果；而普通冲水及虹吸冲落式排污能力强，但冲水时噪声比较大。

（2）坐便器的品种与价格见表6–3。

表6–3　坐便器的参考价格

产品名称	品牌	规格型号	材质	参考价格/(元/套)
科勒分体坐厕	科勒	KC–3490	釉面陶瓷	1855.00
科勒华威富系列分体坐厕	科勒	KC–3422	釉面陶瓷	1210.00
科勒华威富系列分体坐厕	科勒	K–3422	釉面陶瓷	1175.00
科勒温德顿系列分体坐厕	科勒	K–8756–6	釉面陶瓷	905.00
美标分体坐厕	美标	CP–2150.002	瓷质陶瓷	1418.00
美标分体坐厕	美标	CP–2199	陶瓷	1668.00
美标分体坐厕	美标	CP–2519	陶瓷	835.00
美标加长分体坐厕	美标	CP–2611	陶瓷	1050.00
TOTO分体坐厕	TOTO	CW342BSW341B	陶瓷	1138.00
TOTO分体坐厕	TOTO	CW804PB400/SWN804B	陶瓷	1679.00
TOTO分体坐厕	TOTO	CW704B/SW706B	陶瓷	899.00
TOTO分体坐厕	TOTO	CW703NB/SW706RB	陶瓷	799.00
箭牌分体坐便器	箭牌	AB–2111	瓷质陶瓷	832.00

（续）

产品名称	品牌	规格型号	材质	参考价格/（元/套）
箭牌分体坐便器	箭牌	AB2110L/AS8107D	瓷质陶瓷	788.00
科勒连体坐厕	科勒	K-17510-0	釉面陶瓷	3788.00
科勒丽安托系列连体坐厕	科勒	K-3386	釉面陶瓷	2688.00
科勒圣罗莎系列连体坐厕	科勒	K-3323	釉面陶瓷	2488.00
科勒嘉珀莉坐便	科勒	K-3322	釉面陶瓷	3277.00
美标丽科连体坐厕	美标	CP-2007.002	陶瓷	2055.00
美标汤尼克连体坐厕	美标	CP-2181.002	陶瓷	1399.00
美标超创加长连体坐厕	美标	CP2008	陶瓷	2899.00
TOTO连体坐便器	TOTO	CW924B	陶瓷	2666.00
TOTO连体坐便器	TOTO	CW436RB	陶瓷	3866.00
TOTO连体坐便器	TOTO	CW436SB	陶瓷	3388.00
TOTO连体坐便器	TOTO	CW904B	陶瓷	3666.00
箭牌连体坐便	箭牌	AB1258LD	瓷质陶瓷	1866.00
箭牌连体坐便	箭牌	AB1242LD	瓷质陶瓷	999.00
箭牌连体坐便	箭牌	AB1221JLD	瓷质陶瓷	2199.00
箭牌连体坐便	箭牌	AB1228JD	瓷质陶瓷	1788.00

（3）坐便器的挑选

1）由于卫生洁具多半是陶瓷质地，所以在挑选时应仔细检查它的外观质量：陶瓷外面的釉面质量十分重要。好釉面的坐便器光滑、细致，没有瑕疵，经过反复冲洗后依然可以光滑如新。如果釉面质量不好，则容易使污物污染坐便四壁。

2）可用一根细棒轻轻敲击坐便器边缘，听其声音是否清脆，当有“沙哑”声时证明坐便器有裂纹。

3）将坐便器放在平整的台面上，进行各方向的转动，检查是否平稳匀称，安装面及坐便器表面的边缘是否平正，安装孔是否均匀圆滑。

4）优质坐便器釉面必须细腻平滑，釉色均匀一致。可以在釉面上滴几滴带色的液体，并用布擦匀，数秒钟后用湿布擦干，再检查釉面，以无脏斑点的为佳。

5）消费者在购买时应留意保修和安装服务，以免日后产生不便。一般正规的洁具销售商都具有比较完善的售后服务，消费者可享受免费安装、3～5年的保修服务；而小厂家则很难保证。

3. 浴缸

浴缸是传统的卫生间洁具，经过多年的发展，无论从材质还是功能上，都有着很大的变化，已经不再是单一的洗澡功能了（图6–8）。

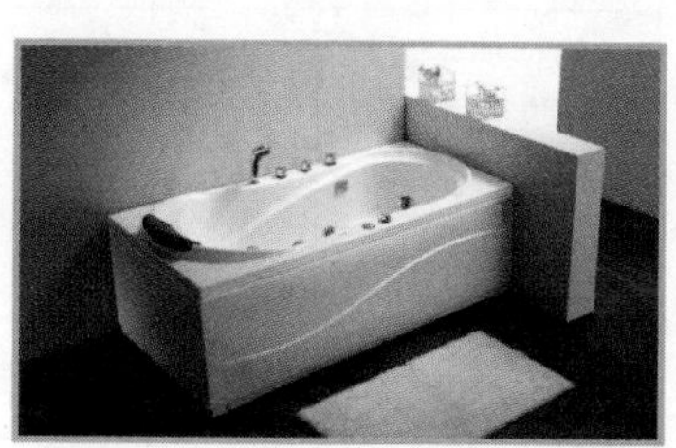

图6–8 浴缸

（1）浴缸的种类：目前市场上销售的浴缸有钢板搪瓷浴缸、铸铁浴缸、亚克力浴缸，而近年来流行的木浴桶也深受老年人的喜爱。

1）钢板搪瓷浴缸：搪瓷表面光滑、易运输、易搬运，但不耐撞击，保温性不好（图6–9）。

图6–9 钢板搪瓷浴缸

2）铸铁浴缸：坚固耐用、光泽度高、耐酸碱性能好，但笨重，不易搬运，安装。

图6–10 亚克力珠光浴缸

3）亚克力浴缸：造型多变、质轻、保温效果好，但因硬度不高，表面易产生划痕。

4）亚克力珠光浴缸：表面光滑且有珍珠般光泽、坚固耐用、保温性好、重量轻、易于安装（图6–10）。

（2）浴缸的品种与价格见表6–4。

表6–4 浴缸的参考价格

产品名称	品牌	规格型号	材质	参考价格/(元/套)
美标左裙带扶手浴缸	美标	1700mm×780mm×430mm	钢板	2955.00
美标左裙不带扶手浴缸	美标	1700mm×780mm×430mm	钢板	2699.00
美标无裙边钢板搪瓷浴缸	美标	1400mm×700mm×350mm	钢板	999.00
美标加厚钢板无裙边扶手浴缸	美标	1700mm×750mm×425mm	钢板	2499.00
美标坐泡式搪瓷钢板浴缸	美标	1100mm×700mm×475mm	钢板	1150.00
乐家普林无裙钢浴缸	乐家	1500mm×750mm×400mm	钢板	1400.00
乐家康莎钢板浴缸	乐家	1600mm×700mm×400mm	钢板	1066.00
乐家康莎无裙钢浴缸	乐家	1500mm×700mm×400mm	钢板	966.00
TOTO铸铁浴缸	TOTO	1500mm×750mm×460mm	铸铁	2879.00
TOTO铸铁浴缸	TOTO	1700mm×750mm×490mm	铸铁	4450.00
TOTO无裙边浴缸	TOTO	1500mm×700mm×430mm	铸铁	2220.00

（续）

产品名称	品牌	规格型号	材质	参考价格/(元/套)
TOTO铸铁右（左）裙浴缸	TOTO	1677mm×800mm×480mm	铸铁	4777.00
科勒梅玛左裙铸铁浴缸	科勒	1524mm×813mm×442mm	铸铁	4688.00
科勒科尔图特系列铸铁浴缸	科勒	1400mm×700mm×435mm	铸铁	2666.00
科勒无手把安装孔铸铁浴缸	科勒	1700mm×700mm×435mm	铸铁	3055.00
科勒雅黛乔铸铁浴缸	科勒	1700mm×800mm×485mm	铸铁	5388.00
科勒索尚铸铁浴缸	科勒	1500mm×700mm×403mm	铸铁	2566.00
箭牌单裙浴缸	箭牌	1500mm×770mm×480mm	亚克力	1366.00
箭牌有裙浴缸	箭牌	1500mmmm×800mm×510mm	亚克力	1850.00
TOTO亚克力浴缸	TOTO	1500mm×750mm×430mm	亚克力	1780.00
TOTO珠光浴缸	TOTO	1700mm×800mm×595mm	亚克力	2855.00
法恩莎双裙浴缸	法恩莎	1500mm×800mm×600mm	亚克力	3966.00
法恩莎双裙浴缸	法恩莎	1700mm×800mm×600mm	亚克力	4299.00
法恩莎单裙左浴缸	法恩莎	1700mm×800mm×510mm	亚克力	3388.00
法恩莎单裙右浴缸	法恩莎	1500mm×800mm×510mm	亚克力	2988.00
嘉熙和乐安康套餐	嘉熙	套餐	香柏木	2268.00
嘉熙福寿双全套餐	嘉熙	套餐	香柏木	2388.00

（续）

产品名称	品牌	规格型号	材质	参考价格/（元/套）
嘉熙家和业顺套餐	嘉熙	套餐	香柏木	2788.00
嘉熙澡桶	嘉熙	1000mm×580mm×870mm	香柏木	2485.00
嘉熙澡桶	嘉熙	1200mm×600mm×680mm	香柏木	2525.00
嘉熙澡桶	嘉熙	1450mm×750mm×870mm	香柏木	3688.00
嘉熙澡桶	嘉熙	1600mm×720mm×630mm	香柏木	4888.00

（3）**浴缸的挑选：**通常情况下浴缸的长度从1100～1700mm不等，深度一般在500～800mm之间。如果浴室面积较小，可以选择1100mm、1300mm的浴缸；如果浴室面积大，可选择1500mm、1700mm的浴缸；如果浴室面积足够大，可以安装高档的按摩浴缸和双人用浴缸，或外露式浴缸。

长度在1.5m以下的浴缸，深度往往比一般浴缸深，约700mm，这就是常说的坐浴浴缸，由于缸底面积小，这种浴缸比一般浴缸容易站立，节约了空间同时不影响使用的舒适度。

浴缸的选择还应考虑到人体的舒适度，也就是人体工程学。浴缸的尺寸符合人的体形，包括以下几个方面：靠背要贴和腰部的曲线，倾斜角度是否使人舒服；按摩浴缸按摩孔的位置要合适；头靠使人头部舒适；双人浴缸的出水孔要使两个人都不会感到不适；浴缸内部的尺寸应该是人背靠浴缸，伸直腿的长度；浴缸的高度应该在人大腿内侧的三分之二处最为合适。

二、卫浴五金

1. 门锁

门锁就是用来把门锁住的设备，这种设备可能是机械的，也可能是电动的，电动需要电能。

（1）**门锁的种类**：随着社会的不断发展，各项产品的功能越来越具体化。门锁也不再是以往单一的挂锁和撞锁了，每种锁具都有着各自不同的使用功能。按其功能可分为外装门锁（防盗锁）、房门锁、通道锁、浴室锁等。

图6–11　执手锁

目前市场上所销售的门锁品种繁多，其颜色、材质、功能都各有不同。常用种类有：外装门锁、球形锁、执手锁、抽屉锁、玻璃橱窗锁、电子锁、防盗锁、浴室锁、指纹门锁等，其中以球形锁和执手锁的式样最多（图6–11）。

（2）**门锁的品种与价格见表6–5。**

表6–5　门锁的参考价格

产品名称	品牌	规格型号	材质	参考价格/（元/把）
久安房门锁	久安	TE500–630	不锈钢	72.00
久安单向固定锁	久安	DA111–630	锌合金	63.00
BSY牌球型门锁	BSY	9881HYET	锌合金	40.00
BSY牌球型门锁	BSY	9831SS/SPET	锌合金	30.00
久安浴室锁	久安	CB330–630	不锈钢	60.00
久安浴室锁	久安	CA530–630	不锈钢	45.00
BSY牌浴室锁	BSY	9832SS/SPBK	锌合金	28.00
BSY牌浴室锁	BSY	9852SG/SGBK	锌合金	34.00
德曼通道锁	德曼	B78(S)CP	锌合金	110.00

（续）

产品名称	品牌	规格型号	材质	参考价格/（元/把）
吉本不锈钢通道锁	吉本	SA1-402-CY1S	不锈钢	260.00
顶固通道锁	顶固	E3601SKBPS	锌合金	265.00
顶固通道锁	顶固	E3501SNPS	锌合金	248.00
小骑兵单舌通道锁	小骑兵	BZ00544BNK	锌合金	165.00
小骑兵单舌通道锁	小骑兵	BZ00241GBK	锌合金	160.00
BESTKO不锈钢连体浴室锁	瑞高	310041W	不锈钢	132.00
BESTKO不锈钢浴室锁	瑞高	4302W	不锈钢	215.00
BESTKO不锈钢小分体浴室锁	瑞高	5018W	不锈钢	245.00
BESTKO不锈钢小连体浴室锁	瑞高	4018N	不锈钢	342.00
摩登卫浴锁	摩登	A84229SM14MBPN/HC	锌合金	168.00
摩登卫浴锁	摩登	A27-229(S)-M*SC1M2	锌合金	105.00
EKF维克系列卫浴锁	伊可夫	DF-56186KPVD	锌合金	199.00
EKF维克系列卫浴锁	伊可夫	DF-50101BKSC	锌合金	172.00
EKF维克系列卫浴锁	伊可夫	Z1-7602BC-BK	锌合金	95.00
固力镍镶镍拉丝房门锁	固力	M27N3HH11	不锈钢	168.00
固力镍镶镍拉丝房门锁	固力	M1063TT11	不锈钢	155.00

（续）

产品名称	品牌	规格型号	材质	参考价格/（元/把）
BKV房门分体铝锁	BKV	1233	太空铝	338.00
BKV白色尼龙分体房门锁	BKV	11001031W3	尼龙	305.00
BKV房门宽方盖板铝锁	BKV	1212	太空铝	246.00
BKV分体式房门亮光铝锁	BKV	1208	太空铝	492.00

（3）门锁的挑选

图6–12　优质门锁

1）选择有质量保证的生产厂家生产的名牌锁，同时看门锁的锁体表面是否光洁，有无影响美观的缺陷（图6–12）。

2）注意选购和门同样开启方向的锁。同时将钥匙插入锁芯孔开启门锁，看是否畅顺、灵活。

3）注意家门边框的宽窄，球形锁和执手锁能安装的门边框不能小于90mm。同时旋转门锁执手、旋钮，看其开启是否灵活。

4）一般门锁适用门厚35～45mm，但有些门锁可延长至50mm。同时查看门锁的锁舌伸出的长度不能过短。

5）部分执手锁有左右手分别，由门外侧面对门。门铰链在右手处，即为右手门；在左手处，即为左手门。

（4）门锁使用的注意事项：不要随便使用润滑剂。在门锁出现发涩或发紧的时候，向锁眼里滴上一些润滑油，这样，可能门锁通体就顺滑了，但因为油易黏灰，以后锁眼里会容易慢慢积存灰尘，而形成油腻子，反而使得门锁更容易出现故障了。

正确的解决办法：削一些铅笔碎末或一些蜡烛碎末，通过细管吹入锁芯内部，然后插入钥匙反复转动数次即可。

2. 水龙头

水龙头是室内水源的开关，负责控制和调节水的流量大小，是室内装饰装修必备的材料。现代水龙头的设计谋求人与自然和谐共处的理念，以自然为本，以自然为师，以最尖端的科技和完美的细节品质，使每一种匠心独具的产品都是自然与艺术的精彩展现，给人们的日常生活带来愉悦的心情。

（1）**水龙头的分类：**从功能方面看，常用的水龙头分为：冷水龙头、面盆龙头、浴缸龙头、淋浴龙头四大类。

1）冷水龙头：其结构多为螺杆升降式，即通过手柄的旋转，使螺杆升降而开启或关闭。它的优点是价格较便宜，缺点是使用寿命较短（图6–13）。

图6–13 冷水龙头

2）面盆龙头：用于放冷水，热水或冷热混合水。它的结构有：螺杆升降式，金属球阀式，陶瓷阀芯式等。阀体用黄铜制成，外表有镀铬，镀金及各色金属烘漆，造型多种多样。手柄分为单柄和双柄等形式；高档的面盆龙头装有落水提拉杆，可直接提拉打开洗面盆的落水口，排除污水（图6–14）。

图6–14 面盆龙头

3）浴缸龙头：目前市场上流行的是陶瓷阀芯式单柄浴缸龙头。它采用单柄即可调节水温，使用方便；陶瓷阀芯使水龙头更耐用，不漏水。浴缸龙头的阀体多采用黄铜制造，外表有镀铬，镀金及各式金属烘漆等（图6–15）。

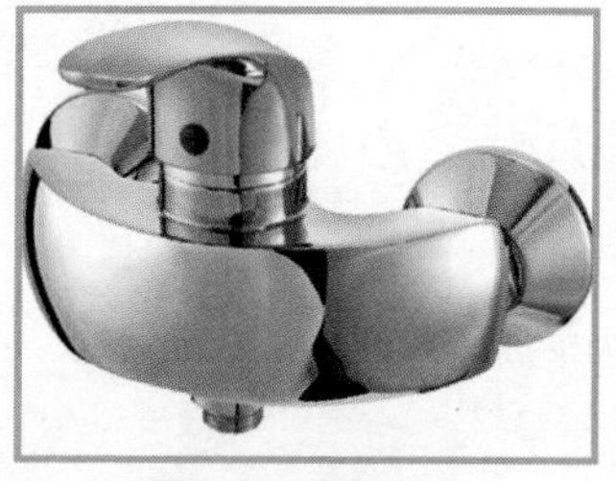

图6–15 浴缸龙头

4）淋浴龙头：其阀体多用黄铜制造，外表有镀铬，镀金等。启闭水流的方式有螺杆升降式、陶瓷阀芯式等，用于开放冷热混合水（图6–16）。

（2）水龙头的品种与价格见表6–6。

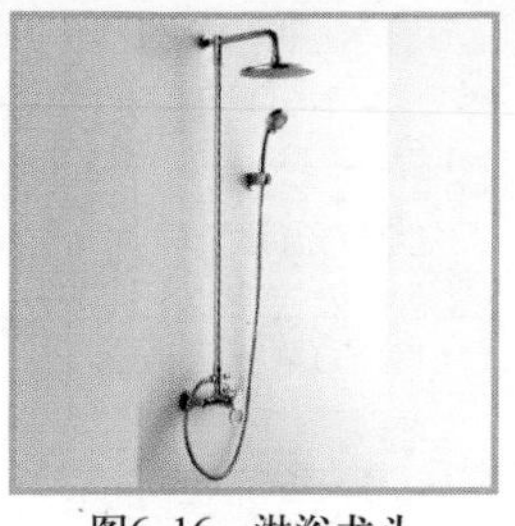

图6–16　淋浴龙头

表6–6　水龙头的参考价格

产品名称	品牌	规格型号	材质	参考价格/(元/个)
汉斯格雅爱家乐达丽丝厨房龙头	汉斯格雅	32810	铜锌合金	1055.00
汉斯格雅爱家乐施美厨房龙头	汉斯格雅	31900	铜锌合金	1366.00
汉斯格雅厨房龙头	汉斯格雅	14830000	铜锌合金	1700.00
美标丽舒单孔厨房龙头	美标	CF–5604.501	铜+镀铬	988.00
美标迈阿密弧形厨房龙头	美标	CF–5608.501	铜+镀铬	711.00
美标塞特单孔厨房龙头	美标	CF–5621.501	铜+镀铬	611.00
科勒厨房龙头	科勒	K–8674–4M–CP	铜+镀铬	1966.00
科勒厨房龙头	科勒	K–12177–CP	铜+镀铬	1188.00
科勒索丽奥厨房龙头	科勒	K–8690–CP	铜+镀铬	766.00
汉斯格雅梦迪宝Ⅱ单把面盆龙头	汉斯格雅	15010	锌铜合金	1495.00
汉斯格雅梦迪宝Ⅱ单把面盆龙头	汉斯格雅	14010	锌铜合金	1399.00
汉斯格雅达丽丝单把面盆龙头	汉斯格雅	33001	锌铜合金	866.00

（续）

产品名称	品牌	规格型号	材质	参考价格/(元/个)
TOTO面盆龙头	TOTO	DL207HN	铜	899.00
TOTO单孔单柄面盆龙头	TOTO	DL307E	铜+镀铬	606.00
TOTO单孔单柄混合面盆龙头	TOTO	DL307-1	铜+镀铬	588.00
科勒菲尔法斯系列双把脸盆龙头	科勒	K-8658T-CP	铜+镀铬	1222.00
科勒高把面盆龙头	科勒	K-12183T-CP	铜+镀铬	1155.00
科勒双把脸盆龙头	科勒	K-8661-2	铜+镀铬	899.00
汉斯格雅梦迪宝Ⅰ单把浴缸龙头	汉斯格雅	15400	锌铜合金	2266.00
汉斯格雅梦迪宝Ⅱ单把浴缸龙头	汉斯格雅	14410	锌铜合金	1866.00
汉斯格雅达丽丝单把浴缸龙头	汉斯格雅	33400	锌铜合金	1088.00
科勒浴缸花洒龙头	科勒	K-8641-CP	铜+镀铬	1680.00
科勒浴缸龙头	科勒	K-8696-CP	铜+镀铬	1425.00
科勒浴缸花洒龙头	科勒	K-8654-C	铜+镀铬	1330.00
法恩莎浴缸龙头	法恩莎	F82334C	铜	825.00
法恩莎浴缸龙头	法恩莎	F82337C	铜	725.00
法恩莎挂墙浴缸龙头	法恩莎	F2307C	铜+镀铬	525.00
摩恩淋浴柱	摩恩	57160+2232	铜+镀铬	2626.00

（续）

产品名称	品牌	规格型号	材质	参考价格/(元/个)
摩恩泰娅明装淋浴龙头	摩恩	5248	铜+镀铬	1188.00
摩恩淋浴龙头	摩恩	FD5004	铜+镀铬	866.00
汉斯格雅淋浴龙头	汉斯格雅	13261000	锌铜合金	2255.00
汉斯格雅梦迪宝Ⅱ单把淋浴龙头	汉斯格雅	15610	铜锌合金	1666.00
汉斯格雅达丽丝暗装淋浴龙头	汉斯格雅	32675	锌铜合金	1050.00

（3）**水龙头的挑选：**水龙头的阀芯决定了水龙头的质量。因此，挑选好的水龙头首先要了解水龙头的阀芯。目前常见的阀芯主要有三种：陶瓷阀芯、金属球阀芯和轴滚式阀芯。陶瓷阀芯的优点是价格低，对水质污染较小，但陶瓷质地较脆，容易破裂；金属球阀芯具有不受水质的影响、可以准确地控制水温、拥有节约能源的功效等优点；轴滚式阀芯的优点是手柄转动流畅，操作容易简便，手感舒适轻松，耐老化、耐磨损。

附录

装修支出计划预算表

序号	项目	预算费用/元	建议购买时间	备注
1	装修设计费		开工前	
2	防盗门		开工前	最好一开工就能给新房安装好防盗门，防盗门的定做周期一般为一周左右
3	水泥、砂子、腻子等		开工前	一开工就能运到工地，商品一般不需要提前预订
4	龙骨、石膏板、水泥板等		开工前	一开工就能运到工地，商品一般不需要提前预订
5	白乳胶、原子灰、砂纸等		开工前	木工和油工都可能需要用到这些辅料
6	滚刷、毛刷、口罩等工具		开工前	一开工就能运到工地，商品一般不需要提前预订
7	装修工程首付款		材料入场后	材料入场后交给装修公司装修总工程款的30%
8	热水器、小厨宝		水电改前	其型号和安装位置会影响到水电改造方案和橱柜设计方案
9	浴缸、淋浴房		水电改前	其型号和安装位置会影响到水电改造方案
10	中央水处理系统		水电改前	其型号和安装位置会影响到水电改造方案和橱柜设计方案
11	水槽、面盆		橱柜设计前	其型号和安装位置会影响到水改方案和橱柜设计方案
12	抽油烟机、炉灶		橱柜设计前	其型号和安装位置会影响到电改方案和橱柜设计方案
13	排风扇、浴霸		电改前	其型号和安装位置会影响到电改方案
14	橱柜、浴室柜		开工前	墙体改造完毕就需要商家上门测量，确定设计方案，其方案还可能影响水电改造方案

（续）

序号	项目	预算费用/元	建议购买时间	备注
15	散热器或地暖系统		开工前	墙体改造完毕就需要商家上门改造供暖管道
16	相关水路改造		开工前	墙体改造完就需要工人开始工作，这之前要确定施工方案和确保所需材料到场
17	相关电路改造		开工前	墙体改造完就需要工人开始工作，这之前要确定施工方案和确保所需材料到场
18	室内门		开工前	墙体改造完毕就需要商家上门测量
19	塑钢门窗		开工前	墙体改造完毕就需要商家上门测量
20	防水材料		瓦工入场前	卫生间先要做好防水工程，防水涂料不需要预定
21	瓷砖、勾缝剂		瓦工入场前	有时候有现货，有时候要预订，所以先算好时间
22	石材		瓦工入场前	窗台、地面、过门石、踢脚线都可能用石材，一般需要提前三四天确定尺寸进行预订
23	地漏		瓦工入场前	瓦工铺贴地砖时同时安装
24	装修工程中期款		瓦工结束后	瓦工结束，验收合格后交给装修公司装修总工程款的30%
25	吊顶材料		瓦工开始	瓦工铺贴完瓷砖三天左右就可以吊顶，一般吊顶需要提前三四天确定尺寸进行预订
26	乳胶漆		油工入场前	墙体基层处理完毕就可以刷乳胶漆，一般到超市直接购买
27	衣帽间		木工入场前	衣帽间一般在装修基本完成后安装，但需要一至两周的制作周期
28	大芯板等板材及钉子等		木工入场前	不需要提前预订
29	油漆		油工入场前	不需要提前预订
30	地板		较脏的工程完成后	最好提前一周订货，以防挑选的花色缺货，提前两三天预约

（续）

序号	项目	预算费用/元	建议购买时间	备注
31	壁纸		地板安装后	进口壁纸需要提前20天左右订货，但为防止缺货，最好提前一个月订货，铺装前两三天预约
32	门锁、门吸、合页等		基本完工后	不需要提前预订
33	玻璃胶及胶枪		开始全面安装前	很多五金洁具安装时需要用玻璃胶密封
34	水龙头、厨卫五金件等		开始全面安装前	一般款式不需要提前预订，如果有特殊要求可能需要提前一周
35	镜子等		开始全面安装前	如果定做镜子，需要四五天制作周期
36	坐便器等		开始全面安装前	一般款式不需要提前预订，如果有特殊要求可能需要提前一周
37	灯具		开始全面安装前	一般款式不需要提前预订，如果有特殊要求可能需要提前一周
38	开关、面板等		开始全面安装前	一般不需要提前预订
39	装修工程后期款		完工后	工程完工，验收合格后交给装修公司装修总工程款的30%
40	升降晾衣架		开始全面安装前	一般款式不需要提前预订，如果有特殊要求可能需要提前一周
41	地板蜡、石材蜡等		保洁前	不需要提前预订
42	保洁		完工	需要提前两三天预约好
43	窗帘		完工前	保洁后就可以安装窗帘，窗帘需要一周左右的订货周期
44	装修工程尾款		保洁、清场后	最后的10%工程款可以在保洁后支付，也可以和装修公司商量，一年后支付，作为保证金
45	家具		完工前	保洁后就可以让商家送货
46	家电		完工后	保洁后就可以让商家送货安装
47	配饰		完工后	家具、家电完工后可购置